水产养殖业绿色发展技术丛书

U0651307

黄颡鱼
绿色高效养殖
技术与实例

农业农村部渔业渔政管理局　组编

沈志刚　何　焱　袁勇超　等　著
沈　凡　樊启学

HUANGSANGYU
LÜSE GAOXIAO YANGZHI
JISHU YU SHILI

中国农业出版社
北京

图书在版编目（CIP）数据

黄颡鱼绿色高效养殖技术与实例 / 沈志刚等著.
北京：中国农业出版社，2024.6. --（水产养殖业绿
色发展技术丛书）. -- ISBN 978 - 7 - 109 - 32132 - 8

Ⅰ. S965.128

中国国家版本馆 CIP 数据核字第 2024JP4860 号

中国农业出版社出版

地址：北京市朝阳区麦子店街 18 号楼
邮编：100125
责任编辑：肖　邦　王金环
版式设计：王　晨　责任校对：吴丽婷
印刷：中农印务有限公司
版次：2024 年 6 月第 1 版
印次：2024 年 6 月北京第 1 次印刷
发行：新华书店北京发行所
开本：880mm×1230mm　1/32
印张：5　　插页：4
字数：140 千字
定价：48.00 元

版权所有·侵权必究

凡购买本社图书，如有印装质量问题，我社负责调换。

服务电话：010 - 59195115　010 - 59194918

丛书编委会

顾　问　桂建芳

主　任　刘新中

副主任　李书民　赵立山

委　员（按姓氏笔画排序）

王印庚　王春琳　张海琪　陆勤勤　陈家勇

武旭峰　董在杰　傅洪拓　温海深　谢潮添

潘建林

主　编　陈家勇　曾昊

副主编　武旭峰　王金环　郑珂

编　委（按姓氏笔画排序）

王亚楠　王忠卫　刘涛　刘莎莎　许建

孙广伟　李飞　李莉　李卫东　李胜杰

吴珊珊　宋炜　林怡辰　梁旭方　梁宏伟

本书著者名单

著　者：沈志刚（华中农业大学）

何　焱（华中农业大学）

袁勇超（华中农业大学）

沈　凡（湖北黄优源渔业发展有限公司）

樊启学（湖北黄优源渔业发展有限公司）

刘　娅（湖北黄优源渔业发展有限公司）

周　勇（中国水产科学研究院长江水产研究所）

邓　翔（湖北黄优源渔业发展有限公司）

胡伟华（浙江省海洋水产研究所）

薛明洋（中国水产科学研究院长江水产研究所）

丁运敏（武汉市水产发展有限公司、
　　　　湖北武汉青鱼原种场）

曹靖花（华中农业大学）

刘汝鹏（天门粤海饲料有限公司）

郭　麒（武汉市水产发展有限公司、
　　　　湖北武汉青鱼原种场）

丛书序 PREFACE

2019年，经国务院批准，农业农村部等10部委联合印发了《关于加快推进水产养殖业绿色发展的若干意见》（以下简称《意见》），围绕加强科学布局、转变养殖方式、改善养殖环境、强化生产监管、拓宽发展空间、加强政策支持及落实保障措施等方面作出全面部署，对水产养殖业转型升级具有重大意义。

随着人们生活水平的提高，目前我国渔业的主要矛盾已经转化为人民对优质水产品和优美水域生态环境的需求，与水产品供给结构性矛盾突出与渔业对资源环境的过度利用之间的矛盾。在这种形势背景下，树立"大粮食观"，贯彻落实《意见》，坚持质量优先、市场导向、创新驱动、以法治渔四大原则，走绿色发展道路，是我国迈进水产养殖强国之列的必然选择。

"绿水青山就是金山银山"，向绿色发展前进，要靠技术转型与升级。为贯彻落实《意见》，推行生态健康绿色养殖，尤其针对养殖规模大、覆盖面广、产量产值高、综合效益好、市场前景广阔的水产养殖品种，率先开展绿色养殖技术推广，使水产养殖绿色发展理念深入人心，农业农村部渔业渔政管理局与中国农业出版社共同组织策划，组建了由院士领衔的高水平编委会，依托国家现代农业产业技术体系、全国水产技术推广总站、中国水产学会等组织和单位，遴选重要的水产养殖品种，邀请产业上下游的高校、科研院所、推广机构以及企业的相关专家和技术人员编写了这套"水产养殖业绿色发展技术丛书"，宣传推广绿色养殖技术与模式，以促进渔业转型升级，保障重要水产品有效供给和促进渔民持续增收。

这套丛书基本涵盖了当前国家水产养殖主导品种和主推技术，围绕《意见》精神，着重介绍养殖品种相关的节能减排、集约高效、立体生态、种养结合、盐碱水域资源开发利用、深远海养殖等绿色养殖技术。丛书具有四大特色：

突出实用技术，倡导绿色理念。丛书的撰写以"技术＋模式＋案例"的主线，技术嵌入模式，模式改良技术，颠覆传统粗放、简陋的养殖方式，介绍实用易学、可操作性强、低碳环保的养殖技术，倡导水产养殖绿色发展理念。

图文并茂，融合多媒体出版。在内容表现形式和手法上全面创新，在语言通俗易懂、深入浅出的基础上，通过"插视"和"插图"立体、直观地展示关键技术和环节，将丰富的图片、文档、视频、音频等融合到书中，读者可通过手机扫二维码观看视频，轻松学技术、长知识。

品种齐全，适用面广。丛书遴选的养殖品种养殖规模大、覆盖范围广，涵盖国家主推的海、淡水主要养殖品种，涉及稻渔综合种养、盐碱地渔农综合利用、池塘工程化养殖、工厂化循环水养殖、鱼菜共生、尾水处理、深远海网箱养殖、集装箱养鱼等多种国家主推的绿色模式和技术，适用面广。

以案说法，产销兼顾。丛书不但介绍了绿色养殖实用技术，还通过案例总结全国各地先进的管理和营销经验，为养殖者通过绿色养殖和科学经营实现致富增收提供参考借鉴。

　　本套丛书在编写上注重理念与技术结合、模式与案例并举，力求从理念到行动、从基础到应用、从技术原理到实施案例、从方法手段到实施效果，以深入浅出、通俗易懂、图文并茂的方式系统展开介绍，使"绿色发展"理念深入人心、成为共识。丛书不仅可以作为一线渔民养殖指导手册，还可作为渔技员、水产技术员等培训用书。

　　希望这套丛书的出版能够为我国水产养殖业的绿色发展作出积极贡献！

　　　　　　农业农村部渔业渔政管理局局长：

　　　　　　　　　　　　　　　　2021 年 11 月

前　言　FOREWORD

　　黄颡鱼作为我国特色淡水经济鱼类，其产业飞速发展，从20年前一个极小众的水产消费品种发展成为一个具有全民消费趋势的大众水产品。自2003年起有黄颡鱼产量统计数据以来，2003年产量为5.48万吨，2022年产量增长到60.00万吨，仅次于特色养殖鱼类中的罗非鱼和大口黑鲈，是我国水产养殖发展速度最快的几种鱼类之一。《中国渔业统计年鉴》显示，我国有28个省份开展黄颡鱼养殖，以湖北、浙江、广东、江西、安徽、四川、湖南、江苏和重庆等为主产区。黄颡鱼无肌间刺，肉质鲜嫩，红烧、炖汤、粉蒸等各种做法均适合大众口味。过去10余年来，塘口价平均22.80元/千克，其养殖产业为国民提供了优质、美味、价格适中的水产蛋白，为保障我国粮食安全、满足人民日益增长的美好生活需要做出了突出贡献。

　　近几年来，苗种质量参差不齐、养殖环境有待提升、饲料质量有待提高、健康养殖理念普及不足、病害防控技术不完善等因素导致黄颡鱼养殖品质降低、成功率下降、养殖收益减少，制约了黄颡鱼产业的健康和可持续发展。2019年农业农村部等10部委联合发布了《关于加快推进水产养殖业绿色发展的若干

1

意见》，2021年《农业农村部办公厅关于实施水产绿色健康养殖技术推广"五大行动"的通知》印发，为了及时落实相关文件精神，作为新品种杂交黄颡鱼"黄优1号"及杂交黄颡鱼"黄优2号"的培育团队、湖北省农业主推技术"黄颡鱼池塘健康养殖技术"的执行团队、"五大行动"骨干基地成员，我们组织相关专家编写了《黄颡鱼绿色高效养殖技术与实例》，系统阐述了黄颡鱼产业现状、养殖生物学特性、新品种选育、人工繁殖与苗种培育、健康养殖理念与病害防控、食用鱼养殖模式的科技进展和关键技术，可供国家相关管理决策部门、饲料/渔药/动保企业、技术推广人员、流通行业、广大水产养殖人员以及黄颡鱼爱好者参考。

本书编写过程中，多位专家参与了工作，其编写分工为：第一章由沈志刚、何焱、樊启学和曹靖花编写；第二章由沈志刚、胡伟华、刘娅和袁勇超编写；第三章由刘娅、邓翔和沈志刚编写；第四章由沈志刚、周勇和薛明洋编写；第五章由沈凡、沈志刚、樊启学和刘汝鹏编写；第六章由沈志刚、丁运敏和郭麒编写。

由于作者水平有限，书中难免存在疏漏和不足，敬请广大专家、读者批评指正。

著　者

2024年4月

目 录 CONTENTS

1

第五章　黄颡鱼绿色高效养殖实例 /90

第六章 黄颡鱼美食与加工 / 125

第一章
黄颡鱼养殖概况

第一节 黄颡鱼分类地位与地理分布

一、分类地位

黄颡鱼（*Tachysurus fulvidraco*），曾用学名 *Pelteobagrus fulvidraco*，隶属于硬骨鱼纲（Osteichthyes）、鲇形目（Siluri-formes）、鲿科（Bagridae）、黄颡鱼属，俗名黄姑鱼（黄骨鱼）、黄腊丁（黄辣丁）、嘎鱼、昂刺鱼、黄鸭叫（黄牙角）、黄颊鱼等。在同属鱼中，黄颡鱼与瓦氏黄颡鱼（*Tachysurus vachelli*）在生物学特性方面非常接近，是中国主要的养殖鱼类，后者生长速度较黄颡鱼快，但体色较暗，肉质不如黄颡鱼鲜美细嫩，因而市场接受度较黄颡鱼低。而其他同属的光泽黄颡鱼（*Tachysurus nitidus*）、长须黄颡鱼（*Tachysurus eupogon*）等天然产量不高，经济价值不大，养殖较少。

二、地理分布

黄颡鱼是小型淡水鱼类，主要分布在亚洲的一些国家和地区，包括中国、朝鲜半岛。黄颡鱼适应性强，可以在不同类型的水域中生存，通常栖息于江河、湖泊、水库和河口等淡水水域（王小斌，

1

2008）。其广泛分布于长江、黄河、珠江、沅江及黑龙江等各水域（宋平等，2001），有的地区还形成地理标志产品，如四川新津黄辣丁（DB 5101/T 146—2022）。黄颡鱼喜欢静水或缓流的环境，多以底栖的方式生活，白天多栖息于小溪、湖泊、池塘底层的石缝、植物丛等暗处，活动不频繁，夜晚活动觅食。黄颡鱼最适生长温度为 26～29 ℃，pH 最适范围 7.0～8.4；耐低氧能力一般，水中溶解氧在 3 毫克/升以上时生长正常，低于 2 毫克/升时出现浮头，低于 1 毫克/升时窒息死亡（Zhang 等，2020；李生兴等，2009）。黄颡鱼为杂食性鱼类，食物包括小鱼、虾、水生昆虫（摇蚊幼虫等）、小型软体动物和其他水生无脊椎动物（李生兴等，2009）。

2007 年 12 月 12 日，农业部发布了《国家重点保护经济水生动植物资源名录（第一批）》（中华人民共和国农业部公告第 948 号），其中黄颡鱼被列为国家重点保护的经济动物。为了保护和合理利用黄颡鱼的种质资源和其生存环境，截至 2022 年，全国已依法划定了一定面积的水域滩涂和必要的土地，建设了 70 个以上以黄颡鱼为主要保护对象的国家级种质资源保护区（中华人民共和国农业农村部公报）。这些保护区重点保护黄颡鱼的产卵场、索饵场、越冬场和洄游通道等主要生长繁育区域。其中，西凉湖、东洞庭湖、破罡湖、白洋淀、漷湖、丹江、梓江、锦江河、柳河、二龙湖、松花江、射阳湖、榕江、汉江等地，以及湖北省内黄颡鱼资源丰富的武湖、崇湖、策湖、红旗湖、圣水湖、胭脂湖、南湖等，已被列为国家级黄颡鱼水产种质资源保护区。此外，全国累计建成了 1 个国家级原良种场（湖北窑湾黄颡鱼良种场）和 12 个省级原良种场。原良种场的建设是水产种业体系建设的重要组成部分，对于黄颡鱼种质资源的保护和利用起到了重要作用。目前，黄颡鱼种质资源保护体系已初具规模，逐步建立了国家级水产种质资源保护区、国家级原良种场和省级原良种场相衔接的黄颡鱼种质资源保护体系。

第二节　黄颡鱼的市场价值

一、黄颡鱼的饮食文化及历史

我国幅员辽阔，各地的传统文化习俗存在差异，然而黄颡鱼在我国各地的饮食文化中都有着重要地位。不同地区对黄颡鱼的称呼也存在明显的差异。在东北地区，豪爽的人们称其为"嘎牙子"；而细致的上海人则因其吻部顶上的两个短须昂首翘立而称之为"昂刺鱼"；四川人热爱辣味，将其称为"黄辣丁"；而湖北人则因发现其骨头剖开后呈淡黄色，将其统称为"黄骨鱼"；湖南、江西等地则因其能发出类似鸭子叫的"嘎嘎"声而称之为"黄鸭叫"，也有人认为是因为其胸前的两根硬刺而被称为"黄牙角"；此外，还有其他一些叫法，如"黄刺骨""黄鳍鱼"等。这充分证明了黄颡鱼在我国各地的普及和受欢迎程度较高，各地老百姓都知道并且喜欢吃黄颡鱼（郭全刚等，2022）。

黄颡鱼的饮食文化具有悠久的历史。然而，由于黄颡鱼名称的多样性和变迁性，对其在中国饮食历史中的考证存在一定的困难。然而，可以确定的是，在中国最早的诗歌集《诗经·小雅》中有关黄颡鱼的记载："鱼丽于罶，鲿鲨。君子有酒，旨且多。"这首诗中所提到的"鲿"就是指黄颡鱼。此外，考古学家在四川新津地区发现的许多东汉时期的墓葬中出土了许多红陶质的黄颡鱼，这进一步说明黄颡鱼自古以来备受人们喜爱，并为古代的饮食文化增添了美好的内涵。历史上的文人墨客也留下了许多描述黄颡鱼的动人诗句。宋代四川新津的渔业繁荣被描绘为"日暮楼台凭栏望，渔帆点点映夕晖"，其中最出名的就是黄颡鱼。北宋文学家苏辙每次途经新津不仅要品尝当地的黄颡鱼，还要亲自钓黄颡鱼，"爨烟惨淡浮前浦，渔艇纵横逐钓筒"，诗人垂钓黄颡鱼的自在和对美味黄颡鱼的期待跃然纸上。元代张翥的《浮山道中》中也有着优美的诗句

"一溪春水浮黄颊，满树暄风叫画眉"，其中的"黄颊"也指的是黄颡鱼。

黄颡鱼除了因其肉质细嫩、营养丰富而享有悠久的饮食文化外，其药用价值也早在明代就被人们发现。在明代流传的经典医书《医林类证集要》中，作者王玺对黄颡鱼的性味归经进行了界定：性甘、味平。黄颡鱼具有益脾胃、利尿消肿的功效，主要用于治疗水气水肿。此外，明代李时珍的著作《本草纲目·鳞四·黄颡鱼》以及崇祯年间的《正字通》也对黄颡鱼进行了详细的记录："身尾俱似小鲇，腹下黄，背上青黄，鳃下有二横骨，两须，群游作声如轧轧。"

二、营养与药用价值

黄颡鱼无肌间刺，含肉率与鳜和罗非鱼等名优鱼类接近。黄颡鱼肌肉每 100 克鲜样的粗蛋白含量为 14.41～17.51 克，粗脂肪含量为 1.77～5.47 克（表 1-1）。

表 1-1　黄颡鱼肌肉常规营养成分（每 100 克湿重中）

灰分（克）	水分（克）	粗脂肪（克）	粗蛋白（克）	总糖（克）
1.02±0.08	77.98±1.71	3.62±1.85	15.96±1.55	0.28±0.08

（一）黄颡鱼肌肉中的蛋白质

通过对湖北省不同地区 7 个黄颡鱼群体肌肉组织进行检测，发现其中存在 17 种氨基酸（表 1-2）。包括 7 种必需氨基酸（EAA）：赖氨酸（Lys）、苯丙氨酸（Phe）、苏氨酸（Thr）、异亮氨酸（Ile）、亮氨酸（Leu）、缬氨酸（Val）和蛋氨酸（Met）；2 种半必需氨基酸（SEAA）：组氨酸（His）和精氨酸（Arg）；8 种非必需氨基酸（NEAA）。其中，必需氨基酸含量占总氨基酸的 41.44%。

表 1 - 2　黄颡鱼肌肉氨基酸组成及含量（克，每 100 克湿重中）

氨基酸	含量	氨基酸	含量
天冬氨酸 Asp@	1.22±0.19	苯丙氨酸 Phe*	0.53±0.06
苏氨酸 Thr*	0.55±0.09	赖氨酸 Lys*	1.20±0.13
丝氨酸 Ser	0.47±0.08	组氨酸 His&	0.24±0.04
谷氨酸 Glu@	1.72±0.22	精氨酸 Arg&	0.75±0.07
甘氨酸 Gly@	0.57±0.09	脯氨酸 Pro	0.45±0.04
丙氨酸 Ala@	0.66±0.13	EAA	4.65±0.61
胱氨酸 Cys	0.09±0.02	SEAA	0.98±0.10
缬氨酸 Val*	0.55±0.11	NEAA	5.59±0.73
蛋氨酸 Met*	0.27±0.05	DAA	4.16±0.62
异亮氨酸 Ile*	0.54±0.08	TAA	11.22±1.42
亮氨酸 Leu*	1.01±0.12	EAA/TAA	0.41±0.01
酪氨酸 Tyr	0.42±0.05	EAA/NEAA	0.83±0.03

注：* 示必需氨基酸，@ 示呈味氨基酸，& 示半必需氨基酸，EAA 示总必需氨基酸，SEAA 示总半必需氨基酸，NEAA 示总非必需氨基酸，DAA 示总呈味氨基酸。

评估食物蛋白质的营养价值常使用必需氨基酸指数（essential amino acid index，EAAI）作为指标（王永明等，2018）。必需氨基酸指数是通过计算蛋白质中必需氨基酸含量与标准蛋白质（通常是鸡蛋蛋白质）中的必需氨基酸含量比值的几何平均数来衡量的（张子阳等，2023）。黄颡鱼肌肉中必需氨基酸指数较高，其中赖氨酸含量高于鸡蛋蛋白质标准。另一种评估蛋白质营养的指标为 F 值，它是蛋白质中支链氨基酸与芳香族氨基酸的比值（FAO/WHO，1973）。鸡蛋蛋白质的 F 值约为 2.26（FAO/WHO，1973），而黄颡鱼肌肉蛋白的 F 值与之非常接近（表 1 - 3）。

表 1 - 3　湖北省不同地区黄颡鱼群体肌肉蛋白质的 F 值

地点	AF	WH	QJ	YX	JM	JZ	LH
F 值	2.28	2.07	2.21	2.10	2.27	2.31	2.32

（二）黄颡鱼肌肉中的不饱和脂肪酸

除了高蛋白含量，对黄颡鱼肌肉进行检测，发现其中存在 20 种脂肪酸（表 1-4）。这些脂肪酸包括 6 种饱和脂肪酸（SFA）、5 种单不饱和脂肪酸（MUFA）和 9 种多不饱和脂肪酸（PUFA）。每 100 克湿重中单不饱和脂肪酸总含量为 1 449.23 毫克，其中油酸（C18：1n9c）含量最高，达到了 1 253.49 毫克；多不饱和脂肪酸总含量为 670.51 毫克，亚油酸（C18：2n6c）含量为 365.51 毫克。黄颡鱼每 100 克肌肉中 n-3 多不饱和脂肪酸的含量为 201.63 毫克，其中 EPA 含量为 27.93 毫克，DHA 含量为 128.22 毫克。每 100 克湿重中 n-6 多不饱和脂肪酸的含量为 400.05 毫克。

表 1-4　黄颡鱼不同群体平均肌肉脂肪酸组成及含量（毫克，每 100 克湿重中）

脂肪酸	含量	脂肪酸	含量
肉豆蔻酸 C14：0	48.12±30.02	二十碳三烯酸 C20：3n6	20.02±10.61
十五碳酸 C15：0	7.68±6.32	花生四烯酸 C20：4n6	14.52±11.63
棕榈酸 C16：0	685.73±355.27	芥酸 C22：1n9	21.35±11.46
棕榈油酸 C16：1	174.39±115.81	C20：5n3（EPA）	27.93±31.28
十七碳酸 C17：0	7.54±5.87	二十二碳二烯酸 C22：2	0.19±0.80
硬脂酸 C18：0	198.41±97.49	二十四碳烯酸 C24：1	5.04±3.76
油酸 C18：1n9c	1 253.49±931.63	C22：6n3（DHA）	128.22±107.60
亚油酸 C18：2n6c	365.51±176.99	总饱和脂肪酸	952.55±489.11
花生酸 C20：0	5.07±5.06	单不饱和脂肪酸	1 449.23±1 042.27
α-亚麻酸 C18：3n3	39.32±31.99	多不饱和脂肪酸	670.51±348.18
二十碳一烯酸 C20：1	68.84±49.39	DHA+EPA	177.68±139.14
二十碳二烯酸 C20：2	27.72±13.43	n-3 多不饱和脂肪酸	201.63±170.43
二十碳三烯酸 C20：3n3	6.17±5.21	n-6 多不饱和脂肪酸	400.05±192.54

不饱和脂肪酸是一种有益的脂肪，可以促进饱和脂肪酸代谢，

降低血液中的胆固醇和甘油三酯水平，从而减少心血管疾病的风险。这些脂肪酸能够穿过血脑屏障，为大脑细胞提供营养，对脑部健康起到积极的作用。黄颡鱼肌肉中富含不饱和脂肪酸，具有极高的营养价值。

（三）黄颡鱼的药用价值

黄颡鱼肉质细嫩、无肌间刺、营养丰富，富含蛋白质、多不饱和脂肪酸、维生素和矿物质等（邵韦涵等，2018；韩庆等，2021），这些成分对于增强人体免疫力和促进健康有一定的益处。黄颡鱼所含的营养成分可以提供人体所需的氨基酸和脑磷脂，有利于神经细胞的生长和功能（Gorgao等，2009），对于促进儿童和青少年智力发育以及改善老年人的记忆力衰退具有一定效果。丰富的多不饱和脂肪酸能够促进胆固醇和甘油三酯的代谢，减少心脑血管疾病的风险（Nanthpo等，2014）。因此，黄颡鱼成为儿童、青少年、老人及高血压、高血脂、冠心病等慢性心脑血管疾病人群理想的食物选择。

黄颡鱼在传统中医中也被赋予了一定的药用价值，被认为具有清热解毒、活血化瘀、滋阴补肾、益气养血的功效。它常被用于治疗肾虚、阴虚、血虚等症状。黄颡鱼的胆汁被传统中医用来治疗肝胆疾病，如黄疸、胆结石等（张志远等，2016）。同时，黄颡鱼脂肪中也含有一定量的活性物质，具有抗氧化和抗炎作用，对于改善免疫功能和预防炎症性疾病有一定帮助。此外，黄颡鱼也含丰富的维生素 D、维生素 B_{12} 和重要的矿物质，如钙、铁、锌、镁、磷等（韩庆等，2021）。这些矿物质对于维持骨骼健康和身体机能起到重要作用，尤其对于骨骼的强度增强、生长发育的促进至关重要。

因此，黄颡鱼不仅富含丰富的营养物质，还能够满足多种健康需求，使其成为一种对心脑血管、大脑功能、骨骼健康、免疫力和美容效果都有益处的食物。因此，在日常饮食中适量食用黄颡鱼将对我们的健康产生积极的影响。

三、经济价值

黄颡鱼产量从 2013 年的 29.6 万吨增长至 2022 年 60.0 万吨，是我国淡水特色鱼类中（产量＞20 万吨）产量增长最快的两种鱼类之一（另一种是大口黑鲈）。按 60.0 万吨产量和平均 22.80 元/千克的塘口价格计算，黄颡鱼仅养殖生产的年总产值达 138 亿元，是我国单一养殖鱼类总产值中较高的经济养殖鱼类（农业农村部渔业渔政管理局，2023）。

湖北省黄颡鱼产量长年居全国首位，占全国产量 25％左右，在过去 20 余年时间里，引领和带动了全国黄颡鱼产业的可持续发展。如今，湖北大大小小的餐馆中，以黄颡鱼为食材的菜品几乎是必备选项。同时，随着黄颡鱼新品种的改良，不耐运输和易花身问题得到了极大改善，各处菜市场、水产品市场和各类超市也都有黄颡鱼活鱼出售。不仅湖北，在黄颡鱼主产区如浙江、广东、江西、安徽、四川、湖南、江苏和重庆，餐馆和活鱼市场也随处可见黄颡鱼出售。随着黄颡鱼养殖扩大至全国 28 个省份，以及新品种耐长途运输能力增强等有利因素，预测其养殖规模将进一步稳定增长。

第三节　黄颡鱼产业发展现状与发展趋势

一、产业发展历程与现状

黄颡鱼作为我国主要的淡水特色养殖与消费鱼类，过去 20 余年时间里，产业发生了巨大变化，主要体现在以下几方面：

（一）养殖产量持续且平稳增长

黄颡鱼自 2003 年起有产量统计数据，2003 年产量为 5.48 万吨。此阶段黄颡鱼产量来源主要是自然水体捕捞，养殖产量较小，未形成产业规模，繁殖、育苗与养殖技术均不成熟。经10年时间发展，2013年产量达29.6万吨，是产业迅速发展的阶段。又经过近10年时间发展，2022年产量达60.0万吨，在淡水特色鱼产量增速中仅次于加州鲈（大口黑鲈）。从图1-1中可以看出，黄颡鱼产量在2012—2022年，持续且平稳增长，在所有淡水特色养殖鱼类中表现尤为突出。与此同时，养殖范围从2003年全国21个省份发展至2022年28个省份，养殖全面铺开。

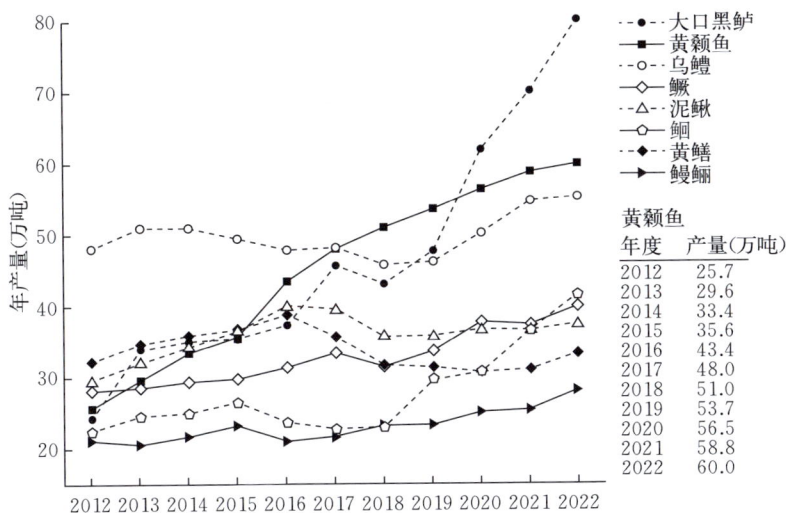

黄颡鱼	
年度	产量（万吨）
2012	25.7
2013	29.6
2014	33.4
2015	35.6
2016	43.4
2017	48.0
2018	51.0
2019	53.7
2020	56.5
2021	58.8
2022	60.0

图1-1 我国黄颡鱼历年产量统计（2012—2022年）

数据来源于《中国渔业统计年鉴》

（二）消费区域和人群持续扩大

黄颡鱼产业发展早期，主要是以自然水体捕捞为主，而普通黄颡鱼不耐运输，长途运输死亡率较高，因此消费主要局限在捕捞或养殖区域的本土市场。2003年前后，消费主要集中在自然水体分布的华中地区，如湖北、湖南、江西和安徽。随着养殖技术的发展、运输技术的成熟以及消费者对黄颡鱼接受程度的提升，特别是耐运输的杂交黄颡鱼养殖的普及，如今长途运输死亡率极低，推动了黄颡鱼的全国性和全民性消费（李明波等，2020）。黄颡鱼肉质鲜嫩，无肌间刺，特别适合家庭消费中红烧、粉蒸、炖汤等做法，而且养殖黄颡鱼与自然水体捕捞黄颡鱼之间口感差异较小，这些优势进一步促进了黄颡鱼消费区域扩大和消费人群的增长。

（三）新品种培育持续迭代

黄颡鱼产业的发展，与其他众多鱼类类似，新品种的培育、繁殖与成功推广在其中起到至关重要的作用，而且新品种培育所在地具有天然优势。例如，湖北地区培育了两个国家审定新品种，分别为全雄黄颡鱼"全雄1号"和杂交黄颡鱼"黄优1号"，而湖北养殖产量占全国产量25%左右，是全国最大的养殖区（图1-2）。2003—2022年，黄颡鱼产业发展经历了三代养殖品种（系），从普通黄颡鱼（雌雄鱼混合）到全雄黄颡鱼，再到杂交黄颡鱼（普通黄颡鱼雌鱼与瓦氏黄颡鱼雄鱼杂交后代），养殖水平和产量得到了长足发展。尤其是杂交黄颡鱼，其具有抗鲇爱德华氏菌、耐运输、抢食凶猛等优良养殖性能（李明波等，2020；刘娅等，2022），

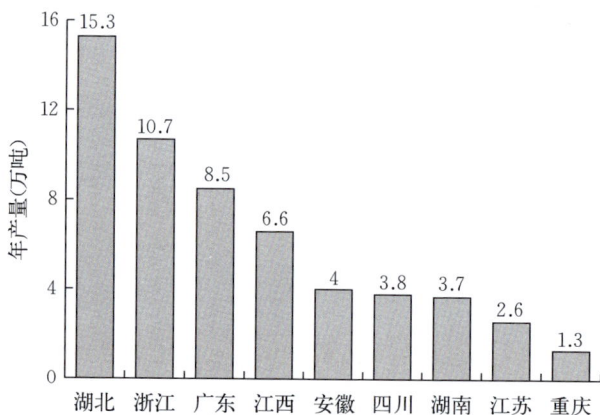

图 1-2 黄颡鱼主产区各省份 2022 年产量统计

数据来源于《中国渔业统计年鉴》

对黄颡鱼产量增长和消费规模的扩大起到了关键作用。

综上所述，黄颡鱼产业从繁育养殖技术到流通，再到消费者接受程度的提升，已形成完整的产业链条，加上其适应能力强、诸多食用优点等自身特性，以及价格波动幅度小，受餐饮行业欢迎，黄颡鱼已成为名副其实的全国性和全民性消费水产品。但是，如果从年人均消费来看，全国一年每人还未吃到 0.5 千克黄颡鱼。因此，其消费潜力还相当大，养殖产量在未来 10 年时间里，有望超过 100 万吨，与大口黑鲈（加州鲈）一并成为淡水特色养殖鱼类中的领先者。

二、产业发展前景分析

从图 1-1 中大致可以看出，黄颡鱼产业经历了快速发展阶段后，增速明显减缓，但笔者认为，黄颡鱼过去 10 年产业之所以能平稳发展，有其内在发展的动力，这些发展动力与大口黑鲈相似，但又有部分区别。笔者认为，在未来相当长的时间内，黄颡鱼产业会持续发展壮大，成为百万吨级别的养殖品种，成为我国淡水鱼主要消费品种，也会继续作为年轻一代水产从业者的主要养殖对象。黄颡鱼产业的内在发展动力主要体现在五方面。

（一）自身养殖生物学特点

黄颡鱼适应能力强，在全国自然水体中分布广泛，适温范围广，因此在解决人工繁殖与苗种培育以及苗种运输问题后，养殖范围也随之进一步扩大，目前全国有 28 个省份在开展黄颡鱼养殖工作。此外，黄颡鱼无鳞，对多种水产药物较为敏感（杨治国等，2004），养殖从业者一般用药较为谨慎，这个生物学特性也是黄颡鱼产业持续健康发展的重要动力。

（二）健康且完整的产业链已基本形成

黄颡鱼无肌间刺、肉质好、价格适中，对于消费者来说，非常适合家庭消费，做法多样化给家庭消费带来了巨大便利。另外，对于餐馆来说，其价格稳定、四季供应量充足，是餐馆水产菜品必备的鱼类品种。

从养殖者角度来说，黄颡鱼养殖周期灵活，全国消费规格差异较大。华中地区消费规格为 100～150 克；西南地区为 50 克左右；华南、华北、华东等地区消费规格较大，一般 150 克以上。因此，不同的消费规格对应不同的养殖周期，但全国市场基本统一，价格同步变动，所以养殖周期可以根据市场消费规格灵活制定，这是黄颡鱼发展的巨大优势所在。

从流通商角度来讲，目前全国推广最成功的杂交黄颡鱼，占据了全国 95% 以上的养殖区域，而杂交黄颡鱼耐操作、耐运输、耐低氧（孙俊霄等，2019），流通过程损耗少，流通商有稳定利润获取，这对黄颡鱼全国性流通至关重要。

（三）价格波动小且有规律可循

黄颡鱼在过去 10 年时间里，不仅产量增长平稳，其塘口价（养殖户卖给流通商的价格，以下价格均指塘口价）波动较小，并且波动有规律（图 1-3）。作者统计了 2012—2022 年全国黄颡鱼价格后发现，黄颡鱼养殖存在着三年的养殖周期。例如，2012、2015、2018 年三年，其价格处于低谷期，年平均价格较低（农业农村部渔业渔政管理局，2023）；而其余 6 年时间价格处于高位。根据整体来看，每年的价格都有处于高位的月份。例如 2014 年，3、4、5、6 四个月价格均明显超过 24 元/千克；再例如 2019 年，7、8、9 三个月均价都超过了 24 元/千克，而当年的养殖成本在 14～16 元/千克，利润空间较大。有趣的是，2014、2017、2020 年这三年价格波动有相似之处，均为倒抛物线式，中间有个价格高峰期，高峰期两侧价格下降。价格高位年份中，价格波动规律更加明显；而价格低位年份中，波动小且规律不明显。价格的波动主要来源于市场的供求关系，而黄颡鱼养殖周期短，因此价格高峰期的月份在每年有所不同，但都与苗种放养与成鱼清塘有较大关系。在

图 1-3 中，我们以价格 16 元/千克作为起始点，因此 2012—2020
年这 9 年的价格波动数据中可以看出，即便黄颡鱼养殖存在每 3 年
一个"小年"（低谷期），其塘口价从未跌破过成本价（16 元/千
克），从始至终都有较好的利润空间，这也是黄颡鱼产业持续增长
的重要原因。2020—2022 年新冠疫情的影响，打破了前面 9 年的
规律。但笔者认为此后，价格规律会重新建立。既然价格波动有规
律，部分养殖从业者便可以从中找到合适的养殖模式，从而获取更
高的利润，进而有利于行业高质量发展。

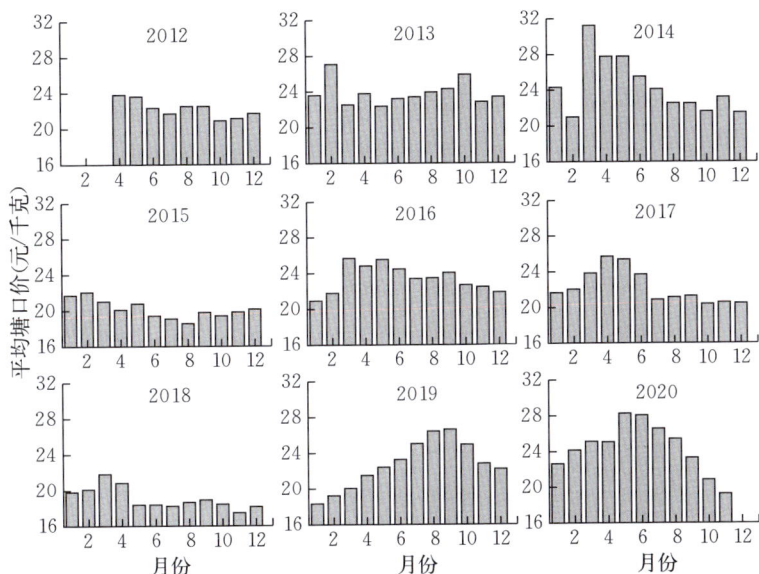

图 1-3 黄颡鱼周年价格波动统计（2012—2020 年）

（四）湖北省引领了黄颡鱼养殖产业发展

因湖北地区自然水体中广泛分布黄颡鱼，自 2003 年《中国渔业
统计年鉴》有黄颡鱼统计数据起至 2022 年最新统计数据，湖北省一
直是全国黄颡鱼最大产区，长期占全国产量的 1/4 左右。黄颡鱼养
殖产业的持续发展，得益于湖北省科学家在规模化人工繁殖方面的

突破。1998 年，华中农业大学水产学院王卫民率先突破了黄颡鱼规模化人工繁殖（王卫民，1999），为后来 20 余年时间里黄颡鱼养殖产业的发展奠定了重要基础。不仅如此，到目前为止，国家审定的 2 个黄颡鱼新品种均主要由湖北科研院所牵头培育，进一步奠定了湖北黄颡鱼养殖产业的引领地位。这一点与广东省引领大口黑鲈产业的发展极为相似，广东省大口黑鲈产量占全国 50% 以上，培育了 2 个国家审定新品种，率先突破了大口黑鲈人工繁殖，表明繁育技术与新品种在一条鱼产业发展中的重要作用。湖北省不仅黄颡鱼养殖产量大，消费量也较高，各地餐馆均有黄颡鱼相关菜品，各地菜市场也均有黄颡鱼活鱼销售，现已成为湖北主要消费的特色水产。

（五）黄颡鱼养殖门槛较高

笔者认为，有门槛且门槛较高，是一个行业能持续发展的最基本因素。同样是与大口黑鲈相似，黄颡鱼养殖行业门槛较高，体现在三个方面：一是资金门槛，黄颡鱼饲料成本较"四大家鱼"高，2023 年因原料价格上涨等因素，黄颡鱼饲料价格更是超过了 9 000 元/吨（农业农村部渔业渔政管理局，2023）。因此，黄颡鱼养殖亩*投入一般在 16 000 元以上，是四大家鱼养殖成本的数倍。二是技术门槛，从苗种培育至驯食，再到商品鱼养殖，水质管理、投喂管理、病害防控等技术要求均较高。三是资源门槛，包括优质苗种、可靠饲料、动保渔药等重要投入品。当前优质黄颡鱼苗种仍是稀缺资源，同时也存在着养殖从业者对苗种质量认识度不够、对饲料和动保渔药产品品质认识度不够的问题。这三方面的门槛，保障了黄颡鱼产业过去、当下和未来持续稳步增长。

三、产业发展面临的问题

黄颡鱼产业经历 20 年时间的快速发展，当前也到达了瓶颈期，

---

* 亩为非法定计量单位，1 亩等于 1/15 公顷。

增速明显放缓。黄颡鱼产业发展目前主要面临四大问题。

(一) 现代商业化育种体系未形成

现代商业化种体系尚未形成是我国水产业存在的普遍问题。我国水产养殖种类多，在过去相当长的时间内，更多关注繁殖本身，对种业重视程度不够。在长期"四大家鱼"占据主要养殖产量的过程中，因"四大家鱼"怀卵量高、苗种存活率高，苗种价格在过去几十年时间里一直处于较低水平。例如 20 世纪 90 年代，草鱼、白鲢等水花价格一直都是 10 元/万尾，而目前经济水平发生了巨大变化，水花价格仍然普遍处于这个水平。一方面说明养殖从业者对种业、苗种质量重视程度不够，另一方面说明我国商业化的育种体系尚未建立，以大型公司为主要苗种供应单位的体系尚未形成。按黄颡鱼全国养殖产量 60 万吨计算，将苗种与商品鱼养殖阶段的成活率进行折算，全国每年黄颡鱼水花需求量超过 150 亿尾，但是年苗种生产能力超过 5 亿尾的企业较少。以小散户生产苗种为主的方式，会导致苗种质量无法保障，因为小散户对苗种不经选育就进行生产，苗种生产流程也可能存在不规范性，滥用药的问题也可能存在。与此同时，苗种作为养殖的最前端，与饲料截然不同，一旦养殖从业者养殖信心受到冲击，便可能放弃投苗或转养其他品种，这使得种业体系的建立变得难上加难。因此，急需建立以大型水产公司为主导的商业化育种体系，从而保障黄颡鱼养殖业中苗种的优质性，为养殖业的健康发展提供最重要的基础。

(二) 病害防控根本问题未被普遍理解

2019 年至 2023 年五年时间内，在一些特殊季节，或者更准确地说是季节变换阶段，黄颡鱼发病率与死亡率较高，最为突出的是开春 3 月和 4 月发病率较高，并且存在全国性死亡率高等特点，严重打击了黄颡鱼养殖从业者的信心。部分养殖户可能会意识到，黄颡鱼发病/死亡与越冬期不投饵、温度低引起的体质差，底泥多、开春后病原活跃度上升，温度回暖后投喂过量导致的消化不良三方面因素有关。但是，笔者认为，特殊季节死亡绝对不是其中某单一因素导致的，死亡原因也不是如此简单，我们根据养殖生产实践中的发现，将其整理成了7个方面，即"五差两高"。

一是苗种质量差。上述我们提到，优质苗种是稀缺资源，多数苗种来源于小作坊式的小散户，或是将小散户聚焦成一个团体的合作社。多数类似于这样的黄颡鱼繁殖场，普遍存在亲本质量差、亲本不培育、繁殖流程不规范等问题。而且，水产行业存在"种"不受重视的普遍现象，多数养殖户偏向买廉价苗种，这是疾病发生的首要原因。国家当前极度重视水产种业的发展，水产从业者的重视程度也在提高，但是因为价格、培育周期等因素，优质苗种占有率占主导地位还需要时间积淀。

二是饲料质量差。饲料行业的发展对水产养殖业的发展做出了重要贡献，推动了产量的增长、劳动负荷的减少、品质稳定性的提高。但是随着产业的发展，在以鱼粉为典型代表的原料价格上涨、市场竞争激烈、原料替代等综合因素作用下（闫奎友，2017），黄颡鱼饲料质量出现了全国性普遍下降的局面。多数饲料厂根据成本生产饲料，而不是根据黄颡鱼营养需求生产饲料。黄颡鱼是杂食性鱼类，对饲料接受程度非常高，但是过多的原料替代，可能导致消化吸收利用率低、有机物排泄增加，无形中增长了鱼类代谢负担和水体净化负担。饲料质量差是黄颡鱼疾病发生的重要原因。

三是养殖条件差。中国是水产养殖大国，大宗淡水鱼养殖产量占淡水养殖产量的2/3左右，池塘养殖占主导地位。黄颡鱼养殖池塘普遍来自传统池塘的转型，存在水深浅、底泥厚、增氧机配套不足等问题。单从增氧机来讲，部分养殖户还将其作为救命机器，远远还没有认识到增氧机在改善水质、增强鱼体体质、提升饲料利用率、增加产量等方面的巨大功能。黄颡鱼属于底层鱼，但与其他底层鱼类（如鲫、鲤）不同，黄颡鱼除到水面吃食这个时间段外，绝大部分时间与底泥接触，因此底泥的厚度和性质对黄颡鱼养殖至关重要。养殖条件差引起的水质、底质差是导致黄颡鱼发病的又一重要原因。

四是养殖心态差。黄颡鱼养殖平均利润为4～8元/千克，湖北地区普遍养殖亩产量在1 000～1 500千克，亩利润可高达8 000元以上，甚至可超过12 000元，远远高于传统养殖鱼类的利润。但是，黄颡鱼养殖投入成本也大，亩投入在16 000元以上。在巨大的利润空间和高额投入成本下，养殖户过于追求高产量、过分追求快出鱼，不尊重鱼体生长的客观规律。更高的养殖产量和更快的生长速度必然导致池塘水体代谢负荷加重和鱼体代谢负担加重，在双重打击下，黄颡鱼发病概率增加。

五是养殖技术差。"四大家鱼"在我国有相当长的养殖时间，长时间的驯养使其适应了池塘养殖环境。不同的是，黄颡鱼在我国仅有20余年的养殖时间，有些苗种仍然是野生种群的后代，还未完全适应池塘养殖环境。对于黄颡鱼的养殖来讲，"四大家鱼"的养殖技术远远不能满足黄颡鱼对于水质和底质的高要求，加上投喂管理和病害防控的欠缺，成熟的黄颡鱼养殖技术并未得到普遍推广。此外，水质管理方面，部分养殖户经常病急乱投医，这种做法只会导致问题更加严重。

六是饲料蛋白高。笔者2010年总结过去黄颡鱼蛋白质需求时发现，黄颡鱼规格苗种养殖阶段，饲料蛋白质需求不超过40%（沈志刚，2010）。但是为了迎合养殖户对于生长速度的需求以及高蛋白饲料的高利润回报，加上饲料厂家为了扩大市场容量，目前全国黄颡鱼饲料蛋白质含量普遍超过42%；较多饲料厂更是推出"快大料"（促进鱼体快速生长的饲料），蛋白水平超过45%。此外，由于原料的替代，即便蛋白水平达到或超过黄颡鱼需求，但蛋白质量较低，消化吸收利用率低，同时也存在氨基酸不平衡等情况，从而影响生长和免疫力。高蛋白饲料不仅给鱼体肝胆和胃肠道带来代谢负担，降低饲料利用率，还给水体带来氨氮和亚硝酸盐负担。

七是投喂水平高。黄颡鱼是杂食性鱼类，胃容量大，尤其是杂交黄颡鱼更是非常贪吃，控制不了自己的食量。多数养殖户没有掌握投喂管理的重要性，可能也不清楚池塘存塘量是多少，导致只能通过鱼吃食情况决定投喂量。膨化饲料吸水会膨胀，到胃肠道中会吸收大量消化道黏液，过量投喂直接导致胃肠道黏膜受损。肠道是鱼体主要的免疫器官，分泌 80% 以上抗体，在鱼体对抗不良环境中发挥重要功能。肠道受损导致的免疫力低下，是黄颡鱼开春发病的主要导火索，是黄颡鱼发病的直接原因。

（三）健康养殖模式与优质产品产出未形成普遍共识

以上提及的"五差两高"，实际是投入品的把握和养殖技术与管理两大方面，归根结底是健康养殖理念和健康养殖模式的普及程度不足。健康养殖理念与健康养殖模式未广泛普及的根源，在于老百姓对于优质优价的认可度不足以及水产品质量评价标准的缺失两方面。现阶段我国社会主要矛盾是人民日益增长的美好生活需要和不平衡不充分的发展之间的矛盾，而对于水产品来说，老百姓对于优质水产品的需求是持续增长的，但什么样的水产品是优质的，标准是什么，如何快速评价，是水产品优质能否优价的根源所在。另外，由于池塘养殖水产品价格普遍不高，为了获取更高利润，养殖从业者便以高产作为主要方式，通过各种方式提高养殖产量。而高产量养殖模式下，品质下降、过度使用药品、水质污染等问题又随之而来。因此，对于黄颡鱼来说，制定可量化的质量评价标准，让部分以健康养殖模式养殖出的产品进行优质优价售卖，继而带动以追求高产为养殖模式的从业者向优质产品养殖转变，是黄颡鱼产业发展的未来之路。

（四）加工保鲜和烹饪等技术不成熟

黄颡鱼无鳞，肉质细嫩，体表两侧黑黄相间呈黄褐色且着色清晰，正是由于这些特点，使得黄颡鱼加工保鲜的难度大。黄颡鱼被处死后或临死前，体表色素会发生明显变化，包括黑色部分变黄，黄色部分变淡，从而呈现整个体表颜色都呈现浅黄色的现象（王鲁波，2012），给消费带来困扰，担心食品安全问题或认为黄颡鱼品相不好而放弃购买。菜品品相这个困境，大大限制了黄颡鱼成为酒宴（升学宴等喜宴）或流水席上的菜品。与此同时，因体色变化等原因，黄颡鱼预制菜产业发展也受到了极大限制。因此，急需在黄颡鱼处死后体色变化和肉质变化方面开展深入研究，通过保鲜加工技术以及烹饪技术，扩大黄颡鱼消费范围。

四、产业发展对策与建议

针对上述黄颡鱼产业发展面临的四大问题，有必要对特定问题提出具体的对策或建议，从而引导行业健康可持续发展。下面提出的对策与上面提出的问题一一对应。

（一）建立大型企业主导、科研人员主持、政府部门监督、接受从业者检验的商业化育种体系

我国现阶段水产行业中，商业化育种体系尚未形成。笔者认为，商业化育种体系，应以大型企业主导，有水产育种的积淀，有足够实验基地作为配套，有较高水平的科研能力。同时，应当广泛与科研院所合作，采用先进、实用的育种技术，加快育种进程，保障育种效果。最为重要的是，育种成果应当接受政府部门和养殖从业者的监督和检验，以养殖效果和收益作为最重要的标准，而不是以先进的技术路线作为新品种培育的标准。与此同时，应加大种业重要性的宣传力度，让养殖从业者对水产种业是什么、为什么、怎么做、要多久、效果如何有清晰的了解。商业化育种体系应当包括针对特定养殖环境的良种选育、规范的良种繁育技术规程、研发联合体的利润分配、育种健康养殖模式的建立以及强大推广体系的建立等方面，是企业的核心竞争力。目前，全国最大的黄颡鱼繁育与保种基地为湖北黄优源渔业发展有限公司，与华中农业大学紧密合作，在国家审定新品种杂交黄颡鱼"黄优1号"的基础上，正在开展"黄优2号"培育工作，朝着黄颡鱼商业化育种体系的方向努力。黄颡鱼商业化育种体系的形成，有助于提升黄颡鱼育种的综合生产能力和黄颡鱼优良种质覆盖率，更有助于黄颡鱼产业的健康可持续发展。

（二）以健康养殖模式预防病害发生

健康养殖包含五大内涵，分别是健康的种质与苗种、健康的饵料与饲料、健康的养殖环境、健康的投喂方式、健康的养殖管理。以健康养殖模式开展养殖，不仅生产出的水产品是健康的，生产方式对周边环境也是健康的，是人类社会发展的迫切需求，更是养殖从业者的必由之路，是养殖成功与获取收益的重要路径。

（三）建立水产品质量评估标准和优质优价的市场氛围

以健康的养殖方式养殖出的水产品，成本必然更高，但是价格如何体现、品质如何评判是当前迫切需要解决的问题。国家标准中，涉及水产品评价的标准有《出口水产品质量安全控制规范》（GB/Z 21702—2008）、《水产品感官评价指南》（GB/T 37062—2018）、《农、畜、水产品产地环境监测的登记、统计、评价与检索规范》（GB/T 22339—2008），这些标准对于如何规范水产品生产、进行感官评价提供了重要参考。但是全国水产品流通体量极为庞大，急需建立快速、高效评判水产品品质的标准，对健康养殖模式具有重要推动作用，对优质优价市场氛围的形成尤为重要。优质优价市场氛围会极大推动优质水产品在消费过程中的认知。黄颡鱼当前已形成全国性和全民性消费，有条件也有必要建立优质优价的市场环境。例如，当前武汉白沙洲市场对于新品种"黄优1号"的认可度较高，商贩给出的批发价格比普通鱼一般高出1～2元/千克，这是行业前进的一大步。但是大部分消费者并不了解"黄优1号"是什么，因此批发商将鱼转到各地二级市场以及二级市场转到零售商时，价格仍然按照普通鱼的价格销售。因此，建立优质优价市场氛围对整个黄颡鱼产业链的发展具有重要意义，是受消费者、流通商、餐馆等各环节欢迎的市场环境。

优质优价市场氛围的建立是以标准和品牌作为基础的，以行业或企业从业者可以接受的评价方式，开展水产品质量评价，逐步建立品牌，从而形成品牌效应，自然而然就可以形成优质优价的市场氛围。但是，这样的环境需要大量的前期资金投入、广泛的市场宣传、消费者偏好调查等基础工作，周期长、投入大。因此，笔者认为，必须由大型企业建立规模化黄颡鱼养殖场，制定相应标准，逐步建立品牌，从而形成优质优价市场氛围。

(四) 开发新加工保鲜技术，增加黄颡鱼消费方式

随着生活节奏的加快，要想进一步增加黄颡鱼的消费量，扩大其消费范围，除了提升其养殖品质外，必须突破黄颡鱼加工保鲜技术，开发黄颡鱼预制菜品。通过开发加工保鲜技术，锁定黄颡鱼原有体色和鲜活肉质，是进行长途运输及超市和家庭短期保存的重要方式，也是增长消费方式的重要方式。此外，生活节奏的加快，让人们生活方式发生了显著变化，预制菜品成为生活中的常备食品。黄颡鱼肉质细嫩，烧、蒸、炖、焖、烤等做法均适用，适合制作预制菜，但目前关注的企业较少，未来潜力巨大。

总之，由于黄颡鱼优良的生物学和养殖特性，过去 20 余年的发展历程中，较完整的产业链已经形成；市场经济的自由发展也让其形成了较稳定且有规律的价格体系。湖北及其他主要产区科技研发的持续发力和高养殖门槛，保障了黄颡鱼产业的可持续发展。

第二章

黄颡鱼生物学特性与新品种研发

第一节　黄颡鱼形态与种质特征

一、主要形态特征

　　黄颡鱼体修长，自吻端向背鳍起点处上斜，背鳍起点处最高；前部较宽，自背鳍基部向尾部逐渐侧扁。头大且扁平，吻圆钝，口裂呈月牙形，下口位，上颌稍长于下颌，上下颌均具绒毛状细齿。前后鼻孔分离，相距较远。眼小，侧上位，眼间隔稍隆起，眼间隔较宽。须4对，鼻须达眼后缘，上颌须最长，伸达胸鳍基部之后，颐须2对，外侧一对较内侧一对长。背鳍第二根不分支鳍条为硬刺，前缘光滑，后缘有锯齿，背鳍起点至吻端距离小于至尾鳍基部距离。胸鳍硬刺发达，末端近腹鳍，前后缘均具有锯齿，前缘锯齿小而密，后缘锯齿粗壮且疏。脂鳍较臀鳍短，末端游离，起点与臀鳍相对。腹鳍较小，起点稍后于背鳍基部末端。臀鳍基部长，起点位于脂鳍起点垂线之前。尾鳍深叉形，两叶等长，叶端圆（谢从新，2000；谢从新，2004；胡伟华等，2019）（图2-1）。

　　黄颡鱼呈深黄色，野生群体色偏黑褐色，养殖群体偏黄色，稍有区别。黄颡鱼体背部呈现黑褐色，两侧有黄色断断续续3块黑色条纹，从前端延伸至尾部；头部下方为白色，腹部淡黄色，靠近尾

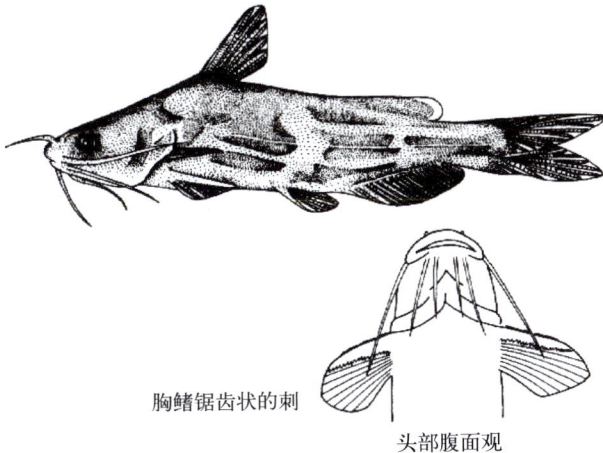

胸鳍锯齿状的刺

头部腹面观

图 2-1 黄颡鱼外形

图片来源于 Fishbase

部逐渐变为暗褐色；各鳍条均为灰黑色，胸鳍硬刺下侧方偏白色。黄颡鱼在受到强烈应激、长时间运输、摄食变质饲料等情况下，都有可能通体变成接近香蕉色的黄色或出现斑点样的体色。因此，正常黄褐相间的体色对养殖生产和运输具有重要指导意义。

黄颡鱼为鲿科鱼类中较多的类群之一，除常见黄颡鱼以外，还有瓦氏黄颡鱼、中间黄颡鱼、光泽黄颡鱼和长须黄颡鱼，它们在形态特征上既存在相同点又有一定差异。

在胸鳍硬刺区别上，黄颡鱼、长须黄颡鱼、中间黄颡鱼的胸鳍硬刺前后缘均具有明显锯齿，瓦氏黄颡鱼、光泽黄颡鱼胸鳍硬刺前缘光滑，后缘有强锯齿。黄颡鱼胸鳍硬刺长于背鳍硬刺，背鳍前距大于体长的 1/3，体略粗壮；瓦氏黄颡鱼胸鳍硬刺短于背刺，光泽黄颡鱼胸鳍硬刺短于背刺（谢从新，2000；谢从新，2004；单怀亚和马华武，2002）；长须黄颡鱼背鳍前距小于体长的 1/3。在头部形态区别上，黄颡鱼吻部背视钝圆；瓦氏黄颡鱼头顶被薄皮，须发达，上颌须长且伸过胸鳍起点；光泽黄颡鱼头顶大部裸露，须较短，上颌须末端稍超过眼后缘（谢从新，2000；谢从新，2004）。

在体色斑块特点上，黄颡鱼体侧有 2 纵（或 3 纵）及 2 横黄色细带纹，间隔成暗色纵斑块；瓦氏黄颡鱼体侧无暗色斑块（谢从新，2000；谢从新，2004；单怀亚和马华武，2002）；中间黄颡鱼体侧无纵横黄色细带纹，仅有 2 暗色斑块。在体型大小上，黄颡鱼、中间黄颡鱼、光泽黄颡鱼个体不大；瓦氏黄颡鱼个体大，最大体质量可达 1 850 克（谢从新，2000；谢从新，2004；张国松，2017）。

二、黄颡鱼、瓦氏黄颡鱼及杂交黄颡鱼"黄优 1 号"形态与种质比较

（一）黄颡鱼、瓦氏黄颡鱼及杂交黄颡鱼"黄优 1 号"外观特征比较

针对生产实践中，黄颡鱼、瓦氏黄颡鱼及杂交黄颡鱼"黄优 1 号"从外观形态不易区分的问题，通过对比形体指标及鳍式差异，发现普通黄颡鱼胸鳍前缘和后缘均有锯齿状凸起；而杂交黄颡鱼胸鳍前缘光滑，仅在后缘存在锯齿状凸起（表 2-1）。这一性状可为杂交黄颡鱼养殖者提供简便有效且快速的区分方法。

表 2-1 黄颡鱼、瓦氏黄颡鱼及杂交黄颡鱼"黄优 1 号"形态差异比较

项目	黄颡鱼	瓦氏黄颡鱼	杂交黄颡鱼"黄优 1 号"
体型	生长较慢，体型较小	生长较快，体型较大	生长较快，体型较小
吻部	吻钝，呈月牙形	吻部突出，呈马蹄形	吻部突出，呈马蹄形
胸鳍	前后缘都有锯齿	后缘有锯齿	后缘有锯齿

（二）黄颡鱼、瓦氏黄颡鱼及杂交黄颡鱼"黄优 1 号"可数和可量性状

从背鳍棘数、背鳍条数、臀鳍条数等可数性状（表 2-2）和全长、体长、体高、头长、尾柄高、尾柄长、吻长、眼径、眼间距等可量性状（表 2-3）对黄颡鱼、瓦氏黄颡鱼及杂交黄颡鱼"黄

优 1 号"进行区分。

表 2-2　黄颡鱼、瓦氏黄颡鱼及杂交黄颡鱼"黄优 1 号"可数性状比较

可数性状	黄颡鱼	瓦氏黄颡鱼	杂交黄颡鱼"黄优 1 号"
背鳍鳍式	D. ⅱ-6~7	D. ⅱ-7	D. ⅱ-6~7
臀鳍鳍式	A. 0-17~23	A. 0-21~24	A. 0-15~25
左侧第一鳃弓外侧鳃耙数（个）	13~16	15~17	12~16

表 2-3　黄颡鱼、瓦氏黄颡鱼及杂交黄颡鱼"黄优 1 号"可量性状比较

可量性状	黄颡鱼	瓦氏黄颡鱼	杂交黄颡鱼"黄优 1 号"
体长/体高	4.06±0.25	4.29±0.28	4.75±0.28
体长/头长	3.96±0.31	4.61±0.13	4.10±0.17
头长/吻长	—	3.44±0.22	5.18±0.82
头长/眼径	5.28±0.35	—	5.32±0.82
头长/眼间距	2.20±0.10	1.78±0.11	2.02±0.06
头长/胸鳍刺长	1.38±0.11	1.42±0.08	1.39±0.11
体长/尾柄长	7.17±0.53	5.90±0.24	5.99±0.22
体长/尾柄高	10.86±0.93	12.47±0.61	11.31±0.35
体长/脂鳍基长	7.68±0.51	6.51±0.40	7.04±0.33
体长/背鳍起点至吻端距离	2.80±0.15	3.15±0.13	2.83±0.11
体长/背鳍基部末端至脂鳍起点距离	3.89±0.25	—	4.12±0.19

（三）黄颡鱼、瓦氏黄颡鱼及杂交黄颡鱼"黄优 1 号"的染色体核型分析

黄颡鱼、瓦氏黄颡鱼及杂交黄颡鱼"黄优 1 号"肾脏细胞

染色体数目分析表明，三种鱼的染色体总数均为 $2n=52$。黄颡鱼核型公式为 24 m＋14 sm＋10 st＋4 t，臂数 NF＝90；瓦氏黄颡鱼核型公式为 22 m＋16 sm＋14 st，臂数 NF＝90；杂交黄颡鱼"黄优 1 号"核型公式为 22 m＋16 sm＋4 st＋10 t，臂数 NF＝90（图 2-2）。

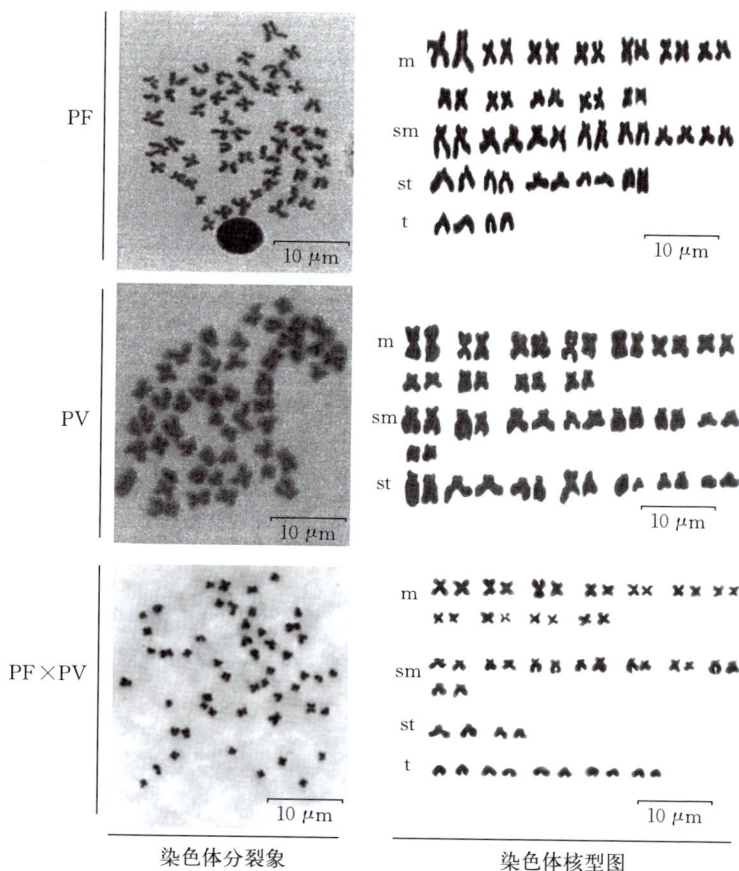

染色体分裂象　　　　　　　染色体核型图

图 2-2　黄颡鱼、瓦氏黄颡鱼及杂交黄颡鱼"黄优 1 号"

染色体分裂象及染色体核型

PF. 黄颡鱼　　PV. 瓦氏黄颡鱼　　PF×PV. 黄颡鱼雌鱼与瓦氏黄颡鱼雄鱼繁殖后代

（四）黄颡鱼、瓦氏黄颡鱼及杂交黄颡鱼"黄优 1 号"的同工酶对比

同工酶标记是以蛋白质为研究对象的遗传标记主要方法。1959 年，Markert 与 Moller 用淀粉凝胶电泳法发现乳酸脱氢酶（LDH）在不同个体及不同种内以不同的形式存在，系统论述了酶的多种形式，并提出了同工酶的概念（Markert and Moller，1959）。同工酶是催化同一化学反应、功能相同但其酶蛋白本身的一级结构有所不同，生理和理化性质相异，具有种属、发育和组织特异性的一组酶类。它们可以表现特定的差异，从而鉴别不同的基因型，间接地研究基因的变异。目前，同工酶已成为种群遗传结构、种质资源考察、原种种群间基因流动及生物多样性研究的重要手段。

如图 2-3 所示，黄颡鱼肌肉组织 LDH 同工酶电泳图谱共 5 条带，瓦氏黄颡鱼肌肉组织 LDH 同工酶电泳图谱共 5 条带，杂交黄颡鱼"黄优 1 号"肌肉组织 LDH 同工酶电泳图谱共 9 条带，说明杂交黄颡鱼"黄优 1 号"的遗传差异程度明显大于黄颡鱼和瓦氏黄颡鱼。这在很大程度上决定了杂交黄颡鱼"黄优 1 号"在抗病方面的优势，也表明杂交黄颡鱼在未来黄颡鱼养殖产业中的重要作用。

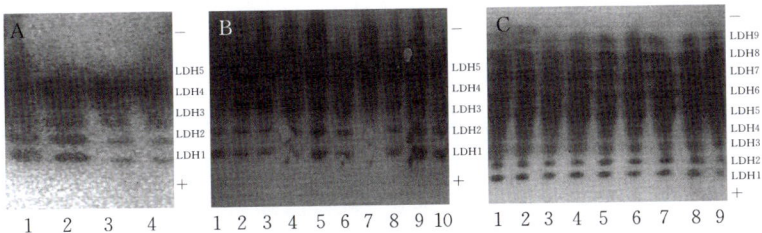

图 2-3　黄颡鱼、瓦氏黄颡鱼及杂交黄颡鱼"黄优 1 号"
肌肉组织 LDH 同工酶电泳图谱
A. 黄颡鱼　B. 瓦氏黄颡鱼　C. 杂交黄颡鱼"黄优 1 号"

第二节　黄颡鱼生物学特征

一、环境适应性

黄颡鱼作为一种生长速度快、适应能力强和繁殖能力强的鱼类，其广泛分布于我国河川、湖泊、江流、沟渠等水域中。多在静水或江河缓流中活动，营底栖生活，杂食性，食物包括小鱼、虾、各种陆生和水生昆虫（特别是摇蚊幼虫）、小型软体动物和其他水生无脊椎动物，有时也捕食小型鱼类。黄颡鱼白天栖息于水体底层，喜欢在夜间游至水体中上层进行觅食活动。黄颡鱼能快速适应各种生境类型，在各种不良环境条件下也能存活，属于广温性鱼类，生存温度为 0~38 ℃。黄颡鱼在人工养殖条件下，水温对其摄食有显著的影响，低温时黄颡鱼虽能少量摄食，但基本不生长，开始摄食水温为 11 ℃。较低温度下，黄颡鱼摄食率随温度升高而升高，当温度上升达到 29 ℃时，黄颡鱼摄食率随温度升高而下降，最佳生长温度为 25~28 ℃。正常生长 pH 范围为 6.0~9.0，最适 pH 为 7.0~8.4。对盐度的耐受性较差，经过渡可适应 2~3 盐度环境，盐度高于 3 时出现死亡。耐氧能力一般，水中溶解氧在 3 毫克/升以上时生长正常，低于 2 毫克/升时出现浮头，低于 1 毫克/升会窒息死亡；溶解氧在 5 毫克/升以上时，其饲料利用率、生长速度、免疫力能均显著高于低溶解氧水平时。因此，黄颡鱼养殖过程中，保持水体溶解氧长期高于 5 毫克/升至关重要。

当前，黄颡鱼的苗种来源主要分为普通黄颡鱼、全雄黄颡鱼和杂交黄颡鱼这三个养殖品系，其优缺点各有不同。普通黄颡鱼，由于雌鱼性成熟规格小（＞10 克），成熟后能量主要用于性腺发育，生长速度较慢，养殖雌雄混合群体也存在个体差异极大的现象；同时普通黄颡鱼存在苗种易感鲇爱德华氏菌患裂头病，该病导致苗种培育存活率平均低于 30%。普通黄颡鱼也存在不耐运输、易"花身"等问题，因此，运输损耗，尤其是长途运输损耗较大，食用鱼流通覆盖范围受限。

全雄黄颡鱼雄性比例较高，生长速度大幅度提升，全雄养殖群体生长速度较普通黄颡鱼快 25％以上，但全雄黄颡鱼也是普通黄颡鱼，易感鲇爱德华氏菌、不耐运输、易花身问题仍然存在。全雄黄颡鱼在多代利用 YY 超雄鱼小群体进行繁殖后，存在遗传多样性不高、易患病等问题，这些问题在后续遗传改良中是重要方向。

杂交黄颡鱼，主流市场是采用普通黄颡鱼雌鱼与瓦氏黄颡鱼雄鱼进行繁殖而获得的后代，杂交黄颡鱼"黄优 1 号"是当前唯一通过国家审定的杂交黄颡鱼品种。在生长速度方面获得了进一步提升，对鲇爱德华氏菌有较强抗性，因此苗种培育存活率得到大幅度提升，平均可达 70％以上。杂交黄颡鱼最大养殖优势是耐运输性能和不易花身，短途运输几乎无损耗，长途运输损耗也较小（＜5％），这为养殖户、流通商和老百姓提供了较好的养殖对象、运输对象和食用对象。杂交黄颡鱼性腺不发育，不存在性腺发育影响生长问题，也不存在逃逸到自然水体中导致生态安全风险问题。但在养殖过程中，养殖户普遍反映杂交黄颡鱼贪吃，胃容量较大，经常过量摄食。因此，在人工养殖条件下，应当严格控制投喂量，保持肠道健康。

二、年龄与生长

鱼类种群生长和死亡等特征是科学评估和管理鱼类资源的关键。体长-体重相关式的常用数学表达式为 $W＝aL^b$。b 值具有物种特异性，能反映鱼类在不同环境生长情况和饵料状况等，可用来判断鱼类是否处于等速生长。如果 $b＝3$ 或接近 3，则鱼体为等速生长，否则为异速生长（殷名称，1993）。即使是同一物种，由于栖息地环境（如饵料可得性、流态等）和遗传多样性等方面的不同，也会导致生长有所变化。例如，三峡水库光泽黄颡鱼的 b 值为 3.21，表现为正异速生长；淀山湖种群表现为负异速生长（雌：$b＝2.53$；

雄：$b=2.56$）；嘉陵江下游草街电站坝上水域种群 $b=3.30$，表现为正异速生长；坝下水域种群 $b=2.90$，表现为等速生长（耿龙，2014；刘中菊，2020）。即使是同一水域，季节的不同也会使得 b 值存在差异。邱春刚等（2000）的研究结果表明，汤河水库黄颡鱼雌鱼非生殖季节 $W=2.6 \times L^{1.98}$，生殖季节 $W=4.3 \times 10^{-9} \times L^{8.36}$；雄鱼非生殖季节 $W=3.7 \times 10^{-1} \times L^{1.2}$，生殖季节 $W=1.9 \times 10^{-3} \times L^{3.6}$（邱春刚等，2000）。黄颡鱼属鱼类 b 值的变化，体现出 b 值在不同种群或同一种群的雌雄个体间，或不同发育阶段个体间的差异（殷名称，1993）。

研究鱼类生长一般采用由数学方法描述的生长方程，如 Ricker 方程、Brody 方程、von Bertalanffy 方程等。其中，von Bertalanffy 方程在黄颡鱼属鱼类生长研究中应用最为广泛。由此方程可分析生长拐点年龄等信息，为确定合理的起捕规格和养殖年限提供参考依据。体长、体重生长方程分别为：

$$L_t = L_\infty (1 - e^{-k(t-t_0)})$$
$$W_t = W_\infty (1 - e^{-k(t-t_0)})^b$$

式中，L_∞、W_∞ 为渐近体长、渐进体重；t_0 为理论上体长或体重等于零时的年龄；K 为生产曲线的平均曲率，表示趋近渐近体长或体重的相对速度。

对黄颡鱼这种小型鱼类而言，其生长速度较慢。性成熟前为旺盛生长阶段，平均增长率较高；性成熟后，体长相对增长率递减明显，体重相对增长率递减缓慢（李明锋，2010）。因此，应合理制定养殖计划，使商品黄颡鱼多在性成熟前上市，可节约养殖成本，提高养殖收益。上市规格又与消费习惯存在较大的关联。例如，我国华中地区黄颡鱼消费规格为 100～150 克，多以红烧、炖汤、粉蒸等做法为主；西南地区以小规格消费为主，一般为 40～60 克，以下火锅为主，下火锅讲究鲜嫩，规格太大容易皮烫烂了里面肉没熟，太小肉又太少；华南、华东和华北地区消费规格较大，以 150 克以上规格为主。消费规格在很大程度上决定了养殖周期，因此养殖户应该根据食用鱼市场的消费规格制定养殖计划。此外，在养殖过程中，应当尊重鱼体生长发育规律，不能一味追求生长速度和产量而忽视了鱼体健康和品质。

三、摄食习性与营养需求

(一) 黄颡鱼的摄食习性

黄颡鱼为杂食偏肉食鱼类，也有学者认为其为温和肉食性鱼类，总体来说，黄颡鱼的食性偏向动物性。黄颡鱼的食谱较广，包括虾类、鱼卵、水生昆虫、螺类、水生植物、丝蚯蚓、腐屑等，在不同的水域环境条件下，食物的组成有所变化。虽然黄颡鱼的食性较广，但饵料组成都比较简单，不同的体长阶段各以1～3种饵料生物为主，而且由浮游生物向水生动植物转变。黄颡鱼仔鱼摄食可分为三个阶段：卵黄囊期（5～8毫米），从自身卵黄囊吸取营养，行内源性营养；开口摄食期到外源营养期（8～12毫米），主要摄食轮虫、小型枝角类及桡足类幼体；外源性营养期（12毫米以上）。鱼苗阶段以浮游动物为食；成鱼则以昆虫及其幼虫、小鱼虾、螺蚌等为食，也吞食植物碎屑。黄颡鱼的最适摄食温度为25～28 ℃，水温对其摄食有显著的影响。开始摄食水温为11 ℃，较低温度下，黄颡鱼摄食率随温度升高而升高；当温度上升达到29 ℃时，黄颡鱼摄食率随温度升高而下降（李明锋，2010）。

此外，黄颡鱼摄食具有明显节律性，属于典型的夜间摄食型鱼类，摄食时喜弱光，游泳能力较弱。这两点习性对养殖生产具有重要指导意义。弱光条件下摄食，决定了黄颡鱼每天以傍晚投喂为主，一般占全天投喂量的70%以上。游泳能力较弱这一习性，在生产中指导养殖户在投饵机投喂前，应当空开投饵机5分钟左右，待大部分群体聚集到投饵机附近时再开始投喂。

(二) 黄颡鱼的蛋白质与必需氨基酸需求

黄颡鱼生长适宜蛋白需求量在36%～40%（沈志刚，2010），幼鱼阶段适宜蛋白质需求量略高，为38%～43%；不同种类和生长环境下的黄颡鱼最适蛋白需求量也不尽相同。此外，由于不同来源蛋白质的氨基酸组成以及黄颡鱼对不同蛋白源的吸收利用率存在差异，黄颡鱼饲料中蛋白质的组成与比例也需要合理配置。

鱼类必需氨基酸的需要量通常根据鱼体的必需氨基酸组成来估算，幼鱼的必需氨基酸需要量则以鱼卵的必需氨基酸组成为根据。有研究测算了武汉、鄱阳湖及广西桂江等地黄颡鱼肌肉干样中的必需氨基酸含量，并进一步估算出了饲粮中必需氨基酸的适宜含量，以下可作为参考：精氨酸 1.81%～2.32%、组氨酸 0.73%～0.94%、异亮氨酸 1.42%～1.82%、亮氨酸 2.53%～3.25%、苏氨酸 1.36%～1.75%、缬氨酸 1.36%～1.74%、蛋氨酸 0.79%～1.02%、苯丙氨酸 1.27%～1.63%、赖氨酸 2.91%～3.74%、色氨酸 1.42%～1.83%（黄峰等，1999；张明等，2001；黄钧等，2001）。

（三）黄颡鱼的脂质与必需脂肪酸需求

鱼类对脂肪需要量变动范围较大，主要受年龄（发育阶段）、养殖环境、日粮中蛋白质和碳水化合物含量的影响，同时与脂肪的种类也有关。饲粮中脂肪添加量不足，会导致鱼体代谢紊乱、饲料蛋白质利用率下降，还可并发脂溶性维生素和必需脂肪酸缺乏症；脂肪添加量过高则不利于黄颡鱼生长、加重黄颡鱼肝脏的负担，同时也使得饲料容易氧化酸败，不利于储存。因此在生产中，黄颡鱼饲粮脂肪水平在 8%～10% 较为适宜。

一般鱼类不能或仅能少量合成 n-3 系列和 n-6 系列脂肪酸，其中主要包括亚油酸、亚麻酸、EPA 和 DHA，这些脂肪酸必须从食物脂肪中获得。此前的研究表明，当黄颡鱼饲料中 n-3/n-6 系列脂肪酸比例在 1.17～2.12 时，黄颡鱼生长性能和摄食率最高；当亚油酸和亚麻酸比值在 8 左右时，黄颡鱼生长最快（Tan 等，2009；李敬伟，2009）。不同油料原料中必需脂肪酸的含量与比例存在差异，在饲料配制过程中要掌握好油料原料的搭配使用，使饲料中必需脂肪酸的含量与比例满足黄颡鱼的生长需求。黄颡鱼等鱼类饲料中添加了鱼油等易氧化变质的必需物质，养殖过程中，应当严格把握饲料保质期，在饲料保质期内投喂，否则投喂变质饲料极易导致黄颡鱼体色异常变化，养成"香蕉鱼"，从而极大影响销售和价格。

（四）黄颡鱼的碳水化合物需求

碳水化合物可以为鱼类生命活动提供能量，在饲料工业中也是重要的黏合剂，能增加饲料在水中的稳定性，减少其他营养成分的溶失。碳水化合物缺乏时，鱼类会把蛋白质作为主要的能量来源。因此，在鱼类饲料中添加适量的碳水化合物，可以减少蛋白质的消耗。一般来说，鱼类对碳水化合物的利用因种类、食性、年龄等因素不同而存在一定的差异。黄颡鱼对于饲料碳水化合物水平有较高的耐受性，饲料碳水化合物水平 24％～36％均不会显著影响黄颡鱼生长与健康；有研究进一步指出，黄颡鱼饲料最适碳水化合物含量为 26％～29％（孙挺，2008；黄钧等，2009）。

（五）黄颡鱼的维生素与矿物质需求

维生素是维持黄颡鱼正常生理机能和生命活动所必需的微量小分子有机化合物，能调控动物体的生长发育、物质代谢和免疫功能。黄颡鱼所需的水溶性维生素有维生素 B_1、维生素 B_2、维生素 B_6、维生素 B_{12}、泛酸、烟酸、生物素、叶酸和维生素 C 等，脂溶性维生素有维生素 A、维生素 D、维生素 E 和维生素 K 等。饲料中适量添加维生素 A 能够维持黄颡鱼的正常体色；维生素 E 不仅可改善黄颡鱼的体色、健康状况，还能在一定程度上提高其摄食量、免疫力和抗氧化能力；维生素 D_3 可显著提高黄颡鱼血清和肝脏中超氧化物歧化酶的活性（陈骁等，2010；傅美兰，2010；段鸣鸣等，2014）。

矿物质也是维持动物生命所必需的营养物质，不仅是鱼体内的重要组成成分，也广泛参与鱼体内的各种代谢，如调节渗透压、平衡酸碱及作为酶的辅助因子等。在集约化养殖模式下，这些矿物质元素需从饲料中进一步补充。黄颡鱼所需的矿物质常量元素有：钙、磷、钠、镁、钾；微量元素主要有：铜、铁、锰、锌、碘、硒等。有研究指出，当黄颡鱼饲料中微量元素铜、铁、锰、锌含量分别为 29.53 毫克/千克、840.53 毫克/千克、153.08 毫克/千克、136.21 毫克/千克时，能使黄颡鱼处于良好的生长和健康状态（韩庆等，2008）；对于微量元素硒的研究是近些年的热点，目前一般认为其在黄颡鱼饲料中的添加量在 0.2～0.3 毫克/千克为宜（胡俊茹等，2016）。当然，矿物元素在饲料中的添加情况还需要综合考虑其存在形态、养殖鱼类的成长阶段等情况进行优化。

总的来说，目前对于黄颡鱼营养需求的研究仍不够系统、深入，仍需进行黄颡鱼不同生长阶段对维生素、矿物质元素、氨基酸、必需脂肪酸等营养需求的研究，以期阐明各类营养素的调控机制及相互关系，为黄颡鱼产业的持续发展增添新的动力。在当前蛋白原料价格持续上涨或大幅度波动的大环境下，尤其要深入研究低鱼粉或无鱼粉饲料、低动物蛋白和低蛋白水平饲料对黄颡鱼生长和免疫机能的影响。特别重要的是，选育耐粗粮（低蛋白低鱼粉或低蛋白无鱼粉饲料利用率高）性状，或更确切地说，选育和养殖耐低端饲料黄颡鱼新品种，是未来育种和养殖的重要方向。

四、繁殖习性

黄颡鱼是一种在体型大小、生殖器官和生殖行为特征上都存在两性差异的鱼类，同一批鱼，雄鱼体型明显大于雌鱼。黄颡鱼雄鱼在臀鳍与肛门之间具有生殖突，精巢在腹腔背部两侧成对排列，每侧精巢向外形成大小不等的小叶，饱满且有光泽，呈树枝状，繁殖季节精巢呈乳白色，精细胞在其中发育成熟释放到小叶腔，再由输精管汇合于腹腔末端后通向生殖突。黄颡鱼雌鱼无生殖突，卵巢为封闭卵巢，被腹膜形成的卵巢囊包围，并在体腔后端与泄殖孔相连，形成输卵管，外层腹膜和内层白膜构成卵巢壁，再形成许多成束的由结缔组织、微血管和生殖上皮组成的板状结构。性成熟雌鱼在 4 月下旬后，繁殖群体中大多数性腺达到Ⅳ期，卵子内卵黄大量沉积，大、中、小卵子群明显可见，是典型卵巢发育不同步类型，也是典型分批产卵鱼类。雌鱼腹部膨大柔软，成熟卵子可以从滤泡中释放出来，进入输卵管，进行受精（刘筠，1993）。

黄颡鱼性成熟时期较短，通常在孵化后 4～5 个月性腺便开始发育，人工养殖条件下大部分个体 1 龄达到性成熟。黄颡鱼雌鱼绝对繁殖力为 2 500～16 500 粒，相对繁殖力 58.33～77.77 粒/克，一年可多次产卵，雌鱼与雄鱼性腺节律基本一致，繁殖季节性腺指数急速上升，雌鱼性腺指数可高达 26.8%，雄鱼为 1.08%（刘炜等，2013）。

鱼类的繁殖时间受到内源性发育周期和外界环境因子制约，并可能随温度、光照时间、饵料丰度和水体的水文状况、理化指标等变化而呈现出种内不同地理种群不同时期的差异。正常情况下，卵子发育速度随水温的升高而加快。例如，自然条件下，南方地区在 4 月下旬即可进入繁殖季节，而黑龙江流域则要到 5 月中下旬才可繁殖。因此，在黄颡鱼人工繁殖中，可利用各种条件提前提高亲本池水温，以促进母本性腺发育。除此之外，摄取食物的营养也对卵子发育至关重要，食物营养越均衡，其卵子发育的质量越高，反之越低。当前市场上，没有黄颡鱼亲鱼专用饲料出售，黄颡鱼亲鱼营养需求研究也存在大量空白，如性腺发育与成熟关键阶段亲鱼投喂策略、脂肪积累与消耗等领域的研究还存在大量空白。而这些对黄颡鱼产业健康可持续发展至关重要。

在自然界中，黄颡鱼主要在水位浅、底质硬、透明度较高、水流缓慢、饵料资源丰富的水域繁殖，水中有丰富的植被，通过群交的方式进行生殖活动，雄鱼聚集在雌鱼周围，发出特殊的声音和肢体语言吸引雌鱼，雌鱼产卵后会离去，雄鱼有护幼行为。这是为其增加种群补充量的一种适应，对于提高种群数量、稳定种群结构有重要意义。在黄颡鱼规模化人工繁殖中，多采用人工催产方式进行繁殖，雌鱼需要人工挤卵，雄鱼需要杀鱼取精。

当前杂交黄颡鱼"黄优 1 号"人工繁殖中，父本瓦氏黄颡鱼通常选用养殖 2 年以上、体重达到 1.5 千克以上的雄鱼，杀鱼取精，一次性使用，浪费较为严重。可从两个方向开展工作：一是手术切除大部分精巢后再将伤口缝合，保证采精雄鱼存活，但这种方式对操作人员的能力要求较高，在大规模生产中需配备专业人员；二是对瓦氏黄颡鱼 1 龄雄鱼进行选育工作，培育 1 龄成熟群体开展繁殖工作，目前我们已确定了 1 龄雄鱼的成熟规格和群体，并开展了 1 龄个体与 3 龄个体繁殖能力比较工作，发现用 1 龄雄鱼精巢与 3 龄雄鱼精巢对同一批次卵子进行受精，受精率与孵化率并没有显著差异，表明用 1 龄雄鱼进行大规模人工繁殖的可行性。

五、其他习性

黄颡鱼有三支硬棘，能分泌较低毒性的毒液，不仅易扎伤接触的人，养殖密度较高时，也易相互扎伤，因此黄颡鱼养殖密度不宜过高。设施养殖条件下，密度高于 50 尾/米³ 或 5 千克/米³ 时易患腐皮病。

黄颡鱼体表有三纵两横黑褐相间的斑块，该体色是黄颡鱼正常生理情况的典型特征，若斑块消失或颜色变淡，预示黄颡鱼存在应激、受到病原侵袭或饲料质量不佳等情况，应当予以重视。

黄颡鱼是无鳞鱼类，体表黏液是其重要的保护层，当其受到强烈应激或病原侵袭，过量分泌黏液后，会导致其免疫力低下。因此，减少其应激反应在养殖过程中非常重要。

黄颡鱼喜集群摄食，在投饵时，投饵机附近黑压压一片（图 2-4）。因此，较大池塘（>10 亩）宜安装两台投饵机，以降低鱼群数量，保证均匀投喂。在集群摄食过程中，由于群体耗氧严重，常导致摄食区域溶解氧水平低于 2 毫克/升，建议在离投饵机不远处安置一台水车式增氧机，减少低溶解氧对其摄食的影响。

图 2-4　黄颡鱼集群摄食

第三节　黄颡鱼新品种（系）研发简介

　　新品种的培育与成功推广对一条鱼的产业发展至关重要。湖北是黄颡鱼的主产区，在过去 20 余年中产量长期位居全国首位，科研投入和成果产出也是全国首位，引领和推动了全国黄颡鱼产业的发展。黄颡鱼产业在过去 20 余年的发展历程中，经历了三代养殖品种（系），即普通黄颡鱼、全雄黄颡鱼和杂交黄颡鱼。其中，黄颡鱼"全雄 1 号"（GS-04-001-2010）和杂交黄颡鱼"黄优 1 号"（GS-02-001-2018）分别在 2010 年和 2018 年经全国水产原种和良种审定委员会审定通过。下面分别对普通黄颡鱼、全雄黄颡鱼和杂交黄颡鱼进行介绍，并对黄颡鱼未来育种方向进行探讨。

一、普通黄颡鱼

　　2009 年之前，黄颡鱼养殖最主要的品系是普通黄颡鱼，一般是从自然水体或池塘养殖群体中挑选父母本，通过人工繁殖方式获得苗种。黄颡鱼雌雄生长差异较大，雄鱼比雌鱼生长速度快，雄鱼达上市规格时（100克），雌鱼平均不到50克（沈志刚，2014；王凌宇等，2020）。因此，普通黄颡鱼养殖因雌雄生长差异，养殖群体中规格差异较大，雌鱼生长因性腺投入能量较多、性成熟规格小，拉低了整个养殖群体的生长速度。同时，雄鱼在2～3月龄时便表现出了明显的生长差异，在池塘养殖的大环境条件下，规格差异将进一步加大，这给投喂、起捕等都造成了困难。例如，规格差异较大时，饲料投喂的规格就需要照顾小规格个体，从而投喂不同粒径的饲料。普通黄颡鱼也存在苗种存活率低、不耐运输等问题。在黄颡鱼苗种培育阶段，养殖环境不好时，易暴发鮰爱德华氏菌病，导致裂头病（又称红头病、开天窗）发生，出现大量死鱼情况。普通黄颡鱼苗种培育存活率一般不超过30％，这给产业发展带来巨大阻力。

但在10余年的产业发展过程中，科研院所、苗种繁育企业和饲料企业在黄颡鱼产业中积累了大量研究和应用成果，包括规模化人工繁殖、苗种培育、成鱼养殖、营养与饲料配方、病害防控、种质资源、养殖技术推广等。这些成果为黄颡鱼产业的发展奠定了重要基础，也为黄颡鱼成为特色淡水鱼鱼类中的引领者提供了保障。

当前，普通黄颡鱼雌鱼的繁殖和养殖在黄颡鱼产业发展中仍具有重要作用。第一，普通黄颡鱼较瓦氏黄颡鱼等相近养殖鱼类肉质更好，因此杂交育种是黄颡鱼育种的重要方式，所以黄颡鱼雌鱼的需求量较大。第二，由于环境保护力度加大，自然水体捕捞的群体作为繁殖群体的方式不适合未来产业发展。第三，黄颡鱼人工繁殖过程中，雌鱼损耗较大，一般达30％，需要每年有大量的雌鱼进行更新换代。第四，由于全雄和杂交黄颡鱼养殖的普及，普通黄颡鱼雌鱼的养殖规模和产量极度缩减，雌鱼数量明显不足。第五，黄颡鱼雌雄生长差异大，普通繁殖方式（既生产XX雌鱼又生产XY雄鱼的方式），对选育带来巨大的困难，也增加了成本。因此，雌鱼的数量和质量可能成为制约黄颡鱼产业发展的因素之一，急需开展全雌黄颡鱼培育研究。目前，华中农业大学特色淡水鱼育种与繁育团队已成功建立了全雌黄颡鱼规模化繁育技术体系，可持续大模式生产全雌黄颡鱼（刘娅等，2022；鲁子怡等，2023；彩图 1），并在此基础上继续开展杂交黄颡鱼"黄优 2 号"的培育工作。

二、全雄黄颡鱼

上述我们提到，黄颡鱼雌雄生长差异大，雄鱼较雌鱼生长快，因此培育全雄黄颡鱼新品种对黄颡鱼产业发展意义重大。黄颡鱼"全雄 1 号"是经农业部全国水产原种和良种审定委员会审定通过的新品种，在审定后几年时间中对黄颡鱼产业发展产生了重大影响。

全雄黄颡鱼是普通黄颡鱼 XX 雌鱼与 YY 超雄黄颡鱼繁殖的后代，其本质上仍然是黄颡鱼，不过性别全是 XY 雄性。从原理上来讲，其后代应当全部为雄鱼，但是由于鱼类的性别决定机制较为复杂，性别分化又极易受到环境因素的影响，养殖群体中一般雄性率不能达到 100%。黄颡鱼"全雄 1 号"由水利部中国科学院水工程生态研究所、中国科学院水生生物研究所、武汉百瑞生物技术有限公司三家单位共同培育。据介绍，该品种采用激素性逆转、人工雌核发育等技术获得染色体均为 YY 的超雄鱼与生理雌鱼，交配后可大量生产超雄鱼，超雄鱼与正常雌鱼交配规模化生产全雄性黄颡鱼，该品种具有雄性率高、生产速度快、养殖产量高等优点。鱼种养殖阶段生长速度比普通黄颡鱼提高 18% 以上，成鱼养殖阶段比普通黄颡鱼提高 43.5%～56.8%，产量平均提高 45.5%。

全雄黄颡鱼在生长速度上有较大提升，因为性别都是雄性，其规格整齐度有较大提高，同时经过了长时间的发展，养殖从业者的养殖技术水平在这一阶段也得到了提升。但是，全雄黄颡鱼仍然是普通黄颡鱼，其苗种存活率较低、不耐运输的特点仍未得到改善。因此，在这一发展阶段，黄颡鱼的其他育种方向也在不断进行。

三、杂交黄颡鱼

杂交育种是水产育种领域重要的育种手段。在过去20余年中，我国科研人员开展了黄颡鱼与多种鲇形目鱼类的杂交工作。最终笔者团队发现以普通黄颡鱼为母本，以瓦氏黄颡鱼为父本的杂交组合，是最适合于规模化生产和养殖的杂交组合。杂交黄颡鱼"黄优1号"是由华中农业大学牵头，联合射阳康余水产技术有限公司、南京师范大学、扬州市董氏特种水产有限公司、南京市水产科学研究所、湖北黄优源渔业发展有限公司共同培育的新品种，2018年经农业农村部全国水产原种和良种审定委员会审定通过。"黄优1号"是以优质黄颡鱼为母本，以优质瓦氏黄颡鱼为父本（彩图2），通过人工繁殖杂交所得，既结合了双亲的选育优势，又具有较好的杂种优势。"黄优1号"较上一代品种"全雄1号"有生长快、规格整齐、耐运输、抗病、饲料利用率高、体型优美等诸多优点，深受养殖户和老百姓的喜爱。一经推出，便在整个黄颡鱼产业中形成巨大的影响力，推动了全国杂交黄颡鱼养殖的普及。目前经调查与初步估算，杂交黄颡鱼占全国市场比例超过95%。"黄优1号"生长速度比普通黄颡鱼快29.4%～32.7%，成活率较普通黄颡鱼高30.0%～31.4%。"黄优1号"最突出的特点是耐运输和抗逆性强，在长途运输方面有巨大优势，这一重要生物学特性扩大了黄颡鱼的运输范围和消费范围，也减少了流通商的运输损耗，增加了其利润和运输稳定性。

"黄优1号"因其两性性腺发育程度极低，不具备繁殖能力，其能量摄入主要用于体生长，因此饲料利用率较高。同时，研究发现，"黄优1号"对鲇爱德华氏菌具有天然抗性，较少感染红头病（Zhang等，2020），苗种培育存活率得到了极大提升。我们将"黄优1号"的优点总结成5个方面：生长快，养殖性能好；规格整齐，"毛毛鱼"比例低；抗逆性高，耐运输、耐操作；苗种品质有保障，苗种培育存活率高；体型优美，市场接受程度高。

总之，杂交黄颡鱼"黄优1号"在推动全国杂交黄颡鱼养殖的普及、提升池塘养殖产量、提高养殖从业者收益及扩大黄颡鱼消费范围和消费人群中起到了重要作用，是我国推广最成功的水产新品种之一。目前，团队在加速培育生长速度快、饲料利用率高、抗逆性强的"黄优2号"（沈志刚等，2024），推动黄颡鱼产业健康可持续发展。

四、未来育种方向

笔者认为，因杂交黄颡鱼具有的优良养殖性能、流通性能和良好的市场认可度，杂交黄颡鱼"黄优1号"及其升级版将会是未来黄颡鱼产业的主要养殖对象。通过大量的育种实践和我国水产养殖业发展现状，我们认为黄颡鱼未来育种包括以下4个可能产生交叉的方向：

（一）全雄杂交黄颡鱼

杂交黄颡鱼（普通黄颡鱼为母本，瓦氏黄颡鱼为父本）虽然其两性性腺发育程度均较低，但是杂交黄颡鱼雌雄鱼生长仍存在明显的生长差异，雄鱼较雌鱼生长快。因此，持续规模化生产YY遗传型瓦氏黄颡鱼，将其与普通黄颡鱼母本进行杂交，培育全雄杂交黄颡鱼是黄颡鱼育种的重要方向。但是仍然需要注意的是，通常来讲，单一性别群体，尤其是全雄性群体抵抗力较两性群体弱，尤其单性群体生产难度较大，其遗传多样性低是育种中需要重点关注的问题。

（二）耐粗粮黄颡鱼

世界鱼粉资源有限，供应存在着不稳定性，价格的大幅上涨和供应减少给水产行业带来了巨大冲击。除了鱼粉，还有豆粕、鱼油等重要原料也存在着供应与价格问题。因此，为保障水产养殖业健康可持续发展，选育耐粗粮新品种，即对低鱼粉低蛋白饲料（甚至是无鱼粉饲料）利用率高的新品种，是未来水产育种领域最重要的育种方向。黄颡鱼是杂食性鱼类，既能利用动物性蛋白，也能利用植物性蛋白，是耐粗粮选育的重要对象。目前团队已开展相关工作，发现全雌黄颡鱼群体中，有部分个体对低鱼粉和无鱼粉饲料都有较好的适应性，表明其选育的可行性。耐粗粮新品种选育将有利于黄颡鱼产业及我国水产养殖业的可持续发展，减少养殖业对鱼粉资源的依赖。尤其在当前黄颡鱼养殖产业中，由于原料上涨和恶性竞争，低端饲料充斥整个市场，黄颡鱼耐粗粮性状选育显得尤为迫切。

（三）抗逆黄颡鱼

池塘养殖是当前及未来我国水产业发展的主要方式，而池塘养殖环境长期暴露于自然气候条件下，其中养殖的鱼类也受自然环境的影响，而自然环境的变化对养殖群体易产生较大应激而影响养殖生产，温度、水质等变化易导致鱼类摄食不佳等。因此，针对池塘养殖环境或工厂化高密度养殖环境，选育具有优良抗逆性能或耐高密度性能获得高产量的黄颡鱼新品种，是黄颡鱼育种的重要方向。

（四）营养型黄颡鱼

随着人民生活水平的提高，从吃得饱，到吃得好，再到当前要吃得健康，是社会发展的必然趋势。结合营养学研究，培育营养价值高，富含人体必需氨基酸和必需脂肪酸等重要营养元素的黄颡鱼新品种，也是黄颡鱼育种的重要方向之一。

总之，黄颡鱼未来育种应当针对当前养殖环境，培育适合养殖场景、饲料利用效率高、抗逆性强、营养健康的新品种，推动商业化育种体系的建立，从而实现味美、价优、营养型黄颡鱼的全民消费。

第三章

黄颡鱼人工繁殖与苗种培育技术

黄颡鱼规模化人工繁殖与苗种培育技术是黄颡鱼养殖的起始环节，通过亲本培育与挑选、人工催产与授精、孵化、苗种培育等重要环节，培育健康无病害、高质量的黄颡鱼苗种，对食用鱼养殖、新品种培育都至关重要，对黄颡鱼整体产业发展，包括苗种行业、饲料行业、渔药与动保行业、流通行业及老百姓食用鱼消费都会产生重要影响。繁育健康、养殖性能优良的苗种，是黄颡鱼繁育场的重要使命，也是行业共同的期许，是水产行业稳健发展的迫切需求。目前，全国最普遍养殖的品系属黄颡鱼雌鱼与瓦氏黄颡鱼雄鱼人工繁殖而得的杂交黄颡鱼，本章主要根据新品种杂交黄颡鱼"黄优1号"人工繁育的标准化操作规程，介绍杂交黄颡鱼规模化繁殖与苗种培育技术。

第一节　黄颡鱼亲本培育技术

亲本是指作为杂交或繁殖起始材料的父本和母本，是繁殖的决定性物质基础。黄颡鱼亲本培育技术指创造一切有利条件使黄颡鱼亲鱼性腺向成熟方向发展，旨在通过选择和配对优良的亲本，提高后代的遗传优势，达到提高产量和品质的目的。培育性腺发育良好的黄颡鱼亲本，是后续人工繁殖、苗种培育和食用鱼养殖最重要的基础。亲本培育质量主要受到池塘养殖环境、饵料质量与数量、投喂策略、养殖密度、气候条件、疾病与药物使用及亲本本身质量的影响，本节主要对这些内容展开陈述。

一、亲本培育池的条件

黄颡鱼亲本培育池以占地面积小于 10 亩为宜。亲本培育池面积过大，养殖亲本过多，会对人工繁殖带来巨大压力，同时因面积过大、投喂不均会导致性腺发育不同步程度大，给人工催产带来困难。亲本池水深 1.5～2.2 米为宜，冬季和夏季可将水位升高至2.2 米及以上。黄颡鱼喜钻底泥，池底应进行平整，进排水方便，地理位置靠近孵化大棚或车间，池埂能允许机动车辆通过，方便亲本来回运输。所用水源符合《渔业水质标准》（GB 11607—1989）并保持水质稳定，溶解氧长期保持在 4 毫克/升以上，pH 为 7.0～8.4，透明度在 25～35 厘米；水温在 4～32 ℃，冬季要防止水温过低冻伤亲本，夏季防止水温过高导致亲本大量死亡。培育池每 2～3 年应修整一次，清除多余淤泥，使底泥＜30 厘米，并对池埂进行修整，方便起捕和运输，池边斜坡对微生物和着生藻类附着有巨大作用，它们是改善池塘水质的重要生物，因此不应进行水泥护坡处理。

二、亲本培育

（一）制定计划

人工繁殖前，应制定亲鱼池塘的清理、亲鱼周转和放养计划，使产后亲鱼及时按计划定池放养。黄颡鱼是分批产卵鱼类，对按照亲鱼成熟程度安排人工催产，对后期孵化、苗种培育和苗种销售具有重要指导意义。如需整体调整，宜选择在秋季或春季，水温 20 ℃左右时进行，应当避免在水温低于 15 ℃时进行拉网起捕操作，避免受伤后皮肤溃疡以及继发感染的发生。过去几年时间中，开春后黄颡鱼暴发性疾病的发生，部分情况与年前动网关系密切。因此，低温动网对于亲本而言，应当完全避免。

（二）亲本选择

挑选用于繁殖的亲鱼需要体质健壮，无病、无伤、无畸形。体色和形态特征符合以下标准：

黄颡鱼应符合中华人民共和国水产行业标准《黄颡鱼》（SC 1070—2004）的规定。

瓦氏黄颡鱼应符合中华人民共和国水产行业标准《瓦氏黄颡鱼》（SC 1041—2000）的规定。

"黄优1号"母本选择1龄以上，体重不低于100克/尾；"黄优1号"父本选择2龄及以上，体重不低于200克/尾。

对于所有的繁殖场来说，挑选优质的亲本，如个体大、无畸形，并有意识地增加不同来源亲本，保持亲鱼高水平遗传多样性，对黄颡鱼产业发展至关重要。

黄颡鱼雌性亲本在注射催产剂、挤卵、捕捞、运输等过程中有较大损耗，一般达到10%～30%，因此，每年应当对雌性亲本进行有效补充。

（三）放养密度

黄颡鱼雌性亲本的放养密度以150～250千克/亩为宜，雄性瓦氏黄颡鱼的放养密度以250～300千克/亩为宜。亦可采用黄颡鱼雌鱼亲本池中，每亩套养10～20尾瓦氏黄颡鱼的方式，在进行人工催产时，将黄颡鱼雌鱼与瓦氏黄颡鱼雄鱼同时起捕，节省池塘养殖空间，减少人力，提高生产效率。

在黄颡鱼与瓦氏黄颡鱼亲本养殖管理实践过程中，常常在繁殖结束后，将同类或同规格亲本合并养殖，增加养殖密度，待繁殖开始前2～3个月，再将亲鱼降低密度养殖，使其性腺快速发育，既能保证充分利用池塘空间资源，合理安排不同批次亲鱼开展人工催产，同时也不影响亲鱼正常培育。

（四）亲本投喂与管理

1. 亲本投喂

亲本投喂黄颡鱼人工配合颗粒饲料，饲料蛋白质含量38%～42%。配合饲料必须符合《黄颡鱼配合饲料》（NY/T 3000—2016）的要求。春季培育，在投喂初期亲本的日投喂量控制在亲鱼体重的0.5%左右，后期增长到1%～1.5%，人工催产前1个月投喂专用的亲本强化饲料，强化培育对黄颡鱼的繁殖十分重要；人工繁殖结束后，产后亲鱼应投喂充足的配合饲料；夏秋季培育日投饲量为亲鱼总体重的1.5%～2.5%（水温在28℃以下）；冬季培育池应保持一定的肥度，日投饲量减少至亲鱼体重的1%以内，水温15℃以下时停喂40天，以促进体内营养向卵巢转化。

黄颡鱼的亲本专用饲料，正如其他产量较高的特色淡水鱼一样（如加州鲈、鳜、黄鳝等），市场上较少有公司生产，研究上也少有关注，这使得通过强化黄颡鱼亲本培育提高其繁殖性能还有非常大的潜能。王吉桥等（2008）采用几种中草药（枸杞、女贞子、杜仲、淫羊藿等配伍）组合搭配添加进饲料，能提高黄颡鱼雌性亲鱼卵巢成熟度及出苗量，但并不能提高精巢的成熟度。团队研究结果表明，饲料中添加卵磷脂亦能提高黄颡鱼雌性亲鱼卵巢成熟度和产卵率（王银海，2019）；胡伟华等（2021）采用鱼糜、甲鱼料混合料培育黄颡鱼雌性亲鱼，提高了受精率，降低了鱼苗畸形率；此外，可通过调整雌性亲鱼喂养策略或者催产激素配伍来提高黄颡鱼雌性亲鱼卵巢成熟度（Hu等，2020；刘洋，2021）。近期团队研究结果表明，在春季和产后再培育阶段，饲料中添加一定水平的小麦胚芽，能提高黄颡鱼雌鱼成活率（李亚宁等，2023）。

当前产业中，黄颡鱼亲本培育通常采用订制饲料，或普通商品饲料中添加微量元素或高蛋白原料的方式进行。订制饲料通常由熟悉黄颡鱼亲鱼营养需求的专业人员制订配方，由饲料公司代为生产，然后每年根据亲本繁殖情况，对饲料配方进行调整，最终形成一个稳定有效的饲料配方。另外一种方式，是在黄颡鱼普通商品料的基础上，额外添加维生素和矿物元素，如对繁殖有重要作用的维生素 A、维生素 C、维生素 E；或者在商品饲料基础上添加高蛋白原料，如蝇蛆粉（或蝇蛆浆）、黑水虻等。从行业稳定发展来看，应当以黄颡鱼亲本营养需求为前提，通过生产实践的实际反映，形成一种适合规模化繁育的黄颡鱼亲本饲料配方。

2. 管理

每日早、晚巡池两次。注意观察水质变化和亲鱼活动情况；做好亲本饲养日志，发现问题及时解决。亲鱼培育期间要适时更换部分老水，加注新水，保持水质稳定，溶解氧充足。加水或排水时应防止野杂鱼进入培育池耗氧与争食。发现鱼病，及时治疗。产后受伤亲鱼注射 2 000～7 000 国际单位/千克的亲鱼康复剂或用 5% 盐水浸泡 5～10 分钟。

3. 亲本培育成效

经亲本培育后，黄颡鱼雌性亲鱼体质得到改善，黄颡鱼雌性亲鱼卵巢成熟度和产卵率提高，后期受精率显著提高，鱼苗畸形率降低，鱼苗产量大幅度上涨（王银海，2019；Hu 等，2020；刘洋，2021；胡伟华等，2021；李亚宁，2022）。在亲本产后培育阶段，亲本培育可将人工繁殖造成的亲本死亡率从 30% 降至 5%，亲鱼产后恢复速度加快，产后再繁殖间隔时间缩短，且受精卵及仔鱼质量与初次无异（胡伟华等，2021；李亚宁，2022）。黄颡鱼雄性亲本个体也更健壮，精子活力提高。亲本培育成效主要通过后续受精率、孵化率、苗种成活率以及养殖效果判断。黄颡鱼雌性亲本培育质量高，对杂交黄颡鱼生产起关键性作用。培育较好的黄颡鱼雌性亲本，腹部膨大、柔软，生殖孔红肿，较易分辨（图 3-1）。

图 3-1　培育较好的黄颡鱼雌鱼亲本

瓦氏黄颡鱼雄鱼在正常养殖条件下，规格达到 500 克以上时，性腺发育均较好，但是容易受到高温环境的影响。因此，高温季节进行杂交黄颡鱼繁殖，需要将瓦氏黄颡鱼雄鱼养殖池水温降低至 28℃以下为宜。生产上通常通过三个递进的方式判断瓦氏黄颡鱼雄鱼性成熟程度。一是雄性规格，我们发现在人工养殖条件下，1 龄瓦氏黄颡鱼群体中较小部分个体能达到性成熟，2 龄个体中全部达性成熟，3 龄个体精巢饱满、精液浓稠（图 3-2）。因此，在实际生产中，一般选用 3 龄以上个体作为人工繁殖用雄性亲本。二是解剖后观察精巢外观，用剪刀剪开后能观察到乳白色精液自然流出，表明精巢成熟较好。但是，前两种方法都不能准确判断精液质量。在严格的生产中，我们通常取少量精液放置于显微镜下，用淡水激活后，观察精子快速运动持续时间，一般从激活开始快速运动时间达 20 秒以上时，判断精子质量较好，可以正常使用；如果小于 15 秒，则精液的使用量要进行增加，从而保证受精率。

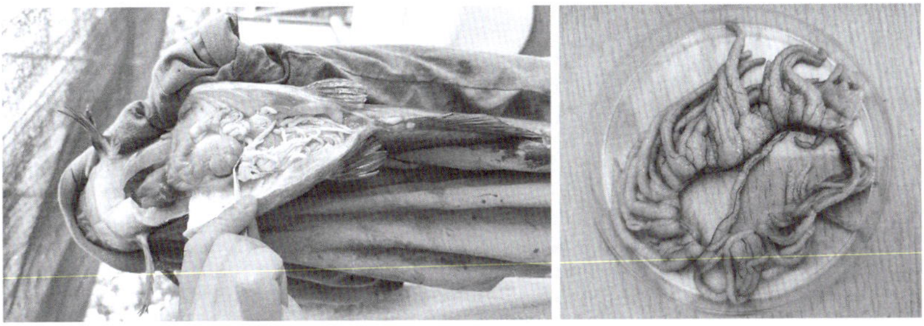

图 3-2　成熟较好的瓦氏黄颡鱼雄鱼（左）和精巢（右）

第二节　黄颡鱼人工繁殖技术

　　自 20 世纪 60 年代起，我国陆续有学者开展黄颡鱼繁殖生物学、人工繁殖的相关研究。杜金瑞（1963）对梁子湖黄颡鱼的自然繁殖进行了研究。王令玲等（1989）观察研究了黄颡鱼胚胎和胚后发育，结果显示黄颡鱼的受精卵在水温 23～27.5 ℃时，胚胎发育历时 62 小时 50 分钟孵化。刚孵出的仔鱼全长 4.8～5.5 毫米。随后，又较系统地研究了黄颡鱼的生物学特点并进行了繁殖和饲养试验，首次提出鲤脑垂体（PG）、绒毛膜促性腺激素（HCG）、促黄体生成素释放激素类似物（LRH-A$_2$）均能有效诱导黄颡鱼产卵。王卫民（1999）在湖北地区进行了黄颡鱼的规模化人工繁殖试验，结果表明选择 PG 单独使用或者与其他的催产激素混合使用，均能有效诱导黄颡鱼产卵。随后陈一骏等（2000）总结出一种黄颡鱼的人工繁殖及苗种培育技术，并提出纤毛虫类寄生是引起黄颡鱼早期鱼种阶段发生鱼病（如车轮虫病、斜管虫病等）的主要原因。此后，黄颡鱼这种小型鱼类的规模化人工繁殖技术逐渐成熟，养殖产量也得以增长。经过 20 年时间的长足发展，黄颡鱼人工繁殖与孵化技术逐渐成熟，为我国黄颡鱼养殖产业和新品种培育奠定了坚实的基础。

一、亲本挑选与性成熟状态检查

在合适的季节进行催产，是鱼类人工繁殖取得成功的必要条件之一。黄颡鱼亲鱼的繁殖期主要受到亲本培育质量、水温条件和密度的影响。亲本培育期间积温高、性腺发育快、成熟较早则繁殖期也会提前，反之，繁殖期则会推迟。在华中地区，自然水温条件下，黄颡鱼通常在5月上旬发育成熟，并能够进行人工繁殖，华南地区可提前15天至1个月开始人工繁殖。若当年气温、水温回升快，且水温变化相对稳定，繁殖期也会提前到来。因此，也可通过人工调控亲本培育池的水温，提前促使亲本性腺加速发育，使其提前成熟，提前催产，提前进行苗种放养。室内培育的亲本可通过温控设施使水温稳定升高并维持在较高水平，使亲本成熟时间提前，对于室外培育的亲本控温难度较大，有条件的地方可利用温水井给亲本培育池持续换水，起到升温保温的作用，有助于加快亲本发育成熟。

由于每年气候条件不同，亲鱼发育成熟可进行人工繁殖的时间也存在差异。如果催产时间过早，催产效果可能较差；过晚则卵巢逐渐退化，催产效果也不好。因此，提前对亲本的性成熟状态进行检查和监测十分必要，不仅能够据此判断合适的催产时间，还可以适时调整培育方式，做好不同批次的催产规划，提高生产效率和产能。尤其重要的是，黄颡鱼是典型的分批产卵鱼类，即便是人工催产，雌鱼产后卵巢中仍然有大量未发育成熟的卵子，经20~30天培育后，可开展第二次，甚至第三次人工催产。因此，通过对少量个体进行取样观察，准确判断黄颡鱼亲鱼性成熟状况，是黄颡鱼人工繁殖的重中之重。

每年4月上旬，随着水温的逐步回升，亲本摄食也趋于正常，此时可对亲本的性腺发育情况进行检查，此后每7~10天检查一次。检查时应在亲本培育池内随机采样，每次检查5~10尾，记录体重、卵巢重和肠系膜脂肪重，计算性腺指数和脂肪系数（图3-3），并对

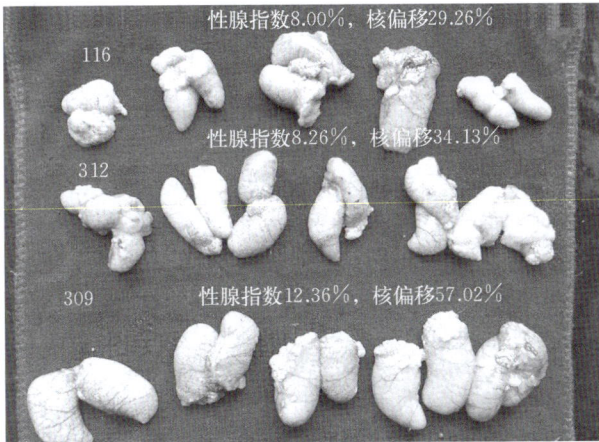

图 3-3 黄颡鱼人工繁殖前雌鱼性成熟检查

亲本的健康情况进行检查。随着亲本逐渐发育成熟，性腺指数不断增加，早期主要通过性腺指数评估亲本的发育情况，当性腺指数达到10%左右时，应结合对卵粒核偏移的观察来判断亲本的成熟情况。卵巢发育成熟的亲本，其卵粒大小均匀，饱满而有光泽，经透明液浸透后，可见细胞核明显移向植物极（图3-4），核偏位的比例达80%以上时，可对该培育池中的亲本进行整体捕捞，开展人工催产。

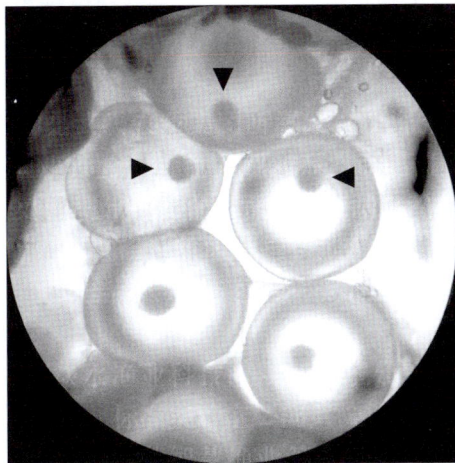

图 3-4 显微镜下黄颡鱼卵母细胞核偏移观察
灰色箭头标示卵母细胞核偏移

推荐透明液的配方：95%酒精（乙醇）85份，福尔马林

（37％～40％甲醛）10 份，100％冰醋酸 5 份，混合后作为透明液使用。使用时将卵子取少量浸泡入透明液 5～10 分钟，在显微镜下观察核偏移情况。

但在同一条件下培育的亲本，性腺发育情况并不完全一致，因此在进行催产前，还需要进行人工挑选。性成熟的雄性黄颡鱼生殖突长而尖，长度 0.5 厘米以上，末端呈红色。性成熟的雌性黄颡鱼，腹部圆润而饱满，触感松软且富有弹性，卵巢轮廓明显，倒立有卵巢流动现象，生殖孔微红，用于人工繁殖的亲本还应无病无伤无畸形。生产中可使亲鱼腹部朝上，观察其腹部是否明显膨大，以此挑选待产亲本。需要注意的是，若该培育池内成熟亲本比例不足一半，应在亲本培育池内就地现场完成挑选工作，避免反复运输和操作对亲本造成损伤及死亡。同时，将未成熟好的亲本归置于同一池塘内，经一段时间培育后再进行检查。

开展过一年以上的黄颡鱼人工繁殖的苗种场，黄颡鱼雌性亲本一般单独饲养或与少量瓦氏黄颡鱼雄鱼一起混养，因此不存在需要挑选出黄颡鱼雄鱼的情况。多数繁殖场未建立全雌黄颡鱼繁育技术体系，每年需要在其他养殖场购买普通黄颡鱼，对亲本进行补充，挑选过程中会存在雄鱼未完全筛出的情况。因此，在繁殖季节需要对其进行再次挑选，剔除普通黄颡鱼雄鱼。目前，团队建立了黄颡鱼全雌种群规模化繁育体系，每年繁育出的鱼苗全部为雌鱼，并且性腺发育良好，极大减少了普通黄颡鱼亲本养殖成本和人力成本。

二、人工催产

（一）亲本催产池/暂养池的准备

催产期间亲本暂养应选择进出水方便的水泥池，面积 10～20 米²，水深 0.4～0.6 米，内壁光滑或铺设瓷砖，配备充足增氧设施，若在室外还需搭建遮阳棚。亲本催产池是为方便进行集中、批量催产准备的。因此，应当根据黄颡鱼的习性，订制相应的捕捞工具，在方便操作的同时，避免亲本受伤。生产中，采用较多的是订制较催产池宽度稍小的网具，从进水口一端向催产操作端推进，两人配合起捕，一次性可将黄颡鱼亲本驱赶至催产池小块区域，进行集中注射催产剂。同时，催产池配备的增氧部件是可移动的，如纳米增氧盘在起捕期间可移出池外。

（二）药物选择

催产剂可混合使用鱼类脑垂体（PG）、绒毛膜促性腺激素（HCG）、促黄体素释放激素类似物（LRH－A_2）和地欧酮（DOM）。注射剂量根据鱼体重量计算，注射液按照每尾亲本注射0.2～0.5毫升计算，雌鱼推荐催产剂种类与剂量如下：

第一针：LRH－A_2（17微克/千克）＋PG（3毫克/千克）。

第二针：LRH－A_2（17微克/千克）＋PG（5毫克/千克）＋HCG（500国际单位/千克）＋DOM（10毫克/千克）。

雄鱼剂量减半。实际注射剂量应根据亲本的成熟情况和水温进行调整，一般在繁殖早期可适当增加剂量，中期可适当减少，水温较低或亲本成熟较差时剂量应适当偏高。除此之外，市面上还使用名为"注射用高效鱼用催产剂"的产品，用水剂稀释后注射，第一针LRH－A_2（12微克/千克）＋DOM（2毫克/千克）；第二针只打稀释水剂，用量为1 200国际单位/千克。目前并未商品化，推测其为几种催产药物的混合物。

黄颡鱼人工催产与"四大家鱼"有明显区别。其为小型鱼类，按一次催产500千克黄颡鱼雌鱼计算，每次注射尾数一般超过2 500尾。因此，规模化生产中，通常使用"连续注射器"进行催产剂注射。一般生产中常用的有两种类型：一种是类似于点滴瓶连接注射器的，一个点滴瓶可装500毫升催产剂，可同时连接2个以上注射器，固定注射量；另外一种是注射器连接一个小瓶，小瓶容积几十毫升不等，适合单人操作。连续注射器的使用给黄颡鱼催产剂注射带来了极大的便利，减少了以往"四大家鱼"催产中需要不断用小型注射器抽取催产剂的麻烦。

但是，连续注射器也带来了新的问题。即便是每年经过挑选的黄颡鱼亲本，每个催产批次中，亲本体重差异较大，而大规模生产中只能根据平均体重计算和注射催产剂量，连续注射器的注射量是固定的。因此，对于群体来说，就会存在小个体亲本剂量偏高，大个体剂量偏低的情况。例如100克和150克的雌鱼，注射同样数量（体积）的催产剂，其效应时间和产卵效果会有明显区别。因此，使用连续注射器进行催产剂注射，会引起产卵持续时间偏长，或者更准确地说，是产卵不同步性加大的趋势。因此，在规模化人工繁殖生产中，将相近体重的黄颡鱼雌鱼亲本进行并塘养殖，并在人工催产前对其进行筛分，将相近规格亲本同批次催产，能有效提高繁殖效率和效果。

（三）催产方式

黄颡鱼卵巢发育不同步，规模化繁殖生产中，催产时通常采用二次注射法，注射部位在胸鳍基部或背部肌肉，前后2次部位应不同，避免药物从前次注射留下的针眼流失，2次注射时间间隔10～12小时。雄鱼在雌鱼第2次注射时同步注射。整个催产过程应保持微流水条件。每批次黄颡鱼亲本数量较多，因此根据亲本数量应当配备足够的催产剂注射人员，从而保证集中注射，后期集中催产、授精。

（四）效应时间

效应时间为亲鱼末次注射催产剂到发情产卵所需时间。效应时间的长短与催产剂的种类和用量、养殖环境（水温、溶解氧等）、性成熟状况等密切相关。黄颡鱼的催产水温以26～28℃为宜，效应时间约12小时，水温每降低1℃，效应时间约增加2小时。在生产中，准确推算亲本产卵时间，对生产安排至关重要。例如，按正常效应时间计算，当天上午注射第一针，傍晚注射第二针，次日上午便可进行正常产卵工作。即便部分亲本因注射剂量不足、成熟情况不好等原因导致效应时间延长，产卵工作也可以在白天全部完成。在达到预计效应时间前 2 小时开始对亲本进行检查，轻压雌鱼腹部，观察泄殖孔是否有卵粒流出，当观察到 70% 的亲本有卵粒流出时，便可开始对亲鱼进行起捕，集中开展人工挤卵操作。

（五）人工授精

采用半干法授精的方式。挑选出达到效应时间的雌性亲本，用干净的毛巾擦干鱼体上及操作人员手上的水分。于鱼体两侧从前向后采用腹部节律按摩法进行挤卵，将卵挤入完全干燥的光滑容器中，如不锈钢盆等。挤卵过程中，动作应当轻柔，未完全成熟的卵子不易从卵巢腔中挤出，不能强行挤压，应当将未能顺利挤卵的雌鱼亲本转移至亲本催产池，每隔 2 小时再进行检查。人工起捕、注射催产剂，特别是挤卵操作，是黄颡鱼雌性亲本产后死亡最重要的诱导因子。

将瓦氏黄颡鱼雄鱼亲本麻醉后，将其解剖，取出乳白色、分支状精巢，放到滤纸上吸干水分和其他液体。取少量于显微镜下观察精子活力，剪下长约 1 厘米的精巢分支，于载玻片上使用镊子挤压出精液并涂抹成薄层，用 1 毫升注射器加入 1～2 滴 0.3% 的受精用生理盐水使精子激活，记录精子的寿命、快速运动时间。精子快速运动时间大于 20 秒时，判定为成熟较好精巢，可按比例正常使用。每收集到 1 000～1 500 克卵子便人工授精一次，搭配 1.5～2 克精巢。将精巢放入玻璃研磨器中，加入适量事先配好的精子保存液（4℃、避光条件下保存）后进行研磨，配方为 29 克葡萄糖、10 克柠檬酸三钠、2 克碳酸钠、0.3 克氯化钾、6 克氯化钠、1 升纯净水。将研磨好的精液加入盛有鱼卵的容器中，同时倒入适量的 0.3% 生理盐水（27℃ 左右），轻轻用手迅速搅拌 20 秒以上，进行人工授精，此过程完成受精。

黄颡鱼卵为黏性卵，在孵化槽中孵化之前需要脱黏。脱黏可用滑石粉或过 80 目的黄泥浆。生产中常用滑石粉悬液（滑石粉中加入 0.3% 的生理盐水制成）进行脱黏，将受精后的卵中加入滑石粉悬液后，搅动 1～2 分钟，使受精卵表面被滑石粉微小颗粒包裹（类似于芝麻球），从而使卵与卵不相互粘连，减少因为黏液蛋白以及卵块堆积导致的水霉病的发生。不宜用纯淡水进行授精，因为黄颡鱼受精卵一旦遇到淡水，立即产生黏性，产生黏性后就无法进行后续脱黏处理。黄颡鱼卵脱黏后进行流水孵化，极大地减少了受精卵水霉病的发生，这对减少药物使用（比如已被列为禁用药的孔雀石绿）起到了关键作用。

三、人工孵化

（一）孵化前的准备

孵化用水要求水源水量充足、有机质少、溶解氧高，在进入孵化设施前还应进行简易的处理，可以使用 60 目的筛网过滤，防止敌害生物进入孵化设施。

黄颡鱼受精卵经过脱黏后可以在孵化桶或孵化槽等设施中流水孵化，使用孵化槽孵化时（图 3-5），放卵密度为 100 万～200 万粒/米^3。孵化设施使用前应清洗干净，检查进排水是否通畅，进水口的进水量是否均匀，滤水窗有无变形、破损，下方出水口水栓是否完好（图 3-6）。

图 3-5　黄颡鱼孵化槽侧面

图 3-6 黄颡鱼孵化槽俯视

注：进水处订制成 18 个均匀的鸭嘴形进水口，可使受精卵在孵化槽中均匀翻滚，不易形成鱼卵堆积。进水口对面一侧成弧形。上方有滤网。

（二）孵化的环境条件

孵化设施应设于室内，避免阳光直射，若在室外孵化，应搭建遮阳棚。

温度与胚胎发育关系密切，胚胎发育要求温度在一定范围内，过高或过低都会造成不良影响。黄颡鱼受精卵的孵化水温以 25～29℃为宜，最适温度 26～28℃，超过 30℃可能会导致鱼苗畸形率增加，温度过低则会导致胚胎发育缓慢或停滞，降低孵化率。

溶氧量也是影响孵化率的关键因素，水中溶解氧不足时，会引起胚胎发育停滞甚至死亡，孵出的鱼苗也会因缺氧出现畸形，因此孵化用水应具有较高溶氧量，若使用地下水孵化，还应充分曝气，使溶解氧保持在 5 毫克/升以上。

（三）孵化管理

黄颡鱼卵为黏性卵，受精后需用泥浆水或滑石粉脱黏，方可倒入孵化槽中进行孵化。受精卵倒入孵化槽后应及时调节流速，使受精卵刚好能冲起来，均匀分布在水中，形成受精卵无间歇的翻滚状态。

在孵化24～26小时后，未受精卵、死卵已经发白，且易与健康受精卵分离开。具体操作为，使用细腻柔软、不伤鱼卵的捞网将孵化槽里的鱼卵捞出于不锈钢盆中，健康的鱼卵会很快沉于盆底，此时将盆内的水缓缓倒出，"坏卵"便会随水流出，反复淘洗2～3遍，将淘洗后的受精卵转入新的孵化槽。将坏卵淘出可以避免其在孵化槽内大量耗氧导致溶解氧不足，水质变差，并降低感染水霉的风险，使正常受精卵能顺利孵化。

水温26～28 ℃时，受精卵约37小时开始脱膜，持续8小时左右，脱膜期间滤水窗前会黏附大量卵膜引起堵塞，因此要经常刷洗，保持水流通畅。

孵化全程应有专人看护，保障设施运转正常。经常观察孵化水流是否稳定，受精卵是否均匀分布于水中，防止受精卵局部堆积而缺氧死亡；监测孵化用水的水温变化，保持水温稳定；定时清理滤水窗上的泥沙杂物，脱膜期间要提高刷洗频率。孵化用水也应当经常检查，防止大型生物进入孵化槽内，降低孵化率。

目前使用孵化槽进行黄颡鱼流水孵化，用水量较大，可以试图改进：在进水之前增加一个曝气泵，往进水中增加气泡，既可以节约用水、增加孵化用水的溶解氧水平，又可以通过气提方式使鱼卵在孵化槽中翻滚。

第三节　黄颡鱼苗种培育技术

一、苗种培育条件

（一）培育池条件

鱼苗培育池应靠近水源，水源充足无污染，排灌方便，池形整齐，以长方形为宜，长短边控制在 5：3 为佳，池堤坚固不漏水。

黄颡鱼是底栖的小型经济鱼类，游泳能力差，要求培育池面积不宜过大，否则不利于投食管理和捕捞，黄颡鱼育苗池面积以 3～10 亩为宜，池深≥2 米。池塘底部平坦，淤泥不超过 30 厘米，淤泥深的池塘，应清淤或曝晒一段时间后使用。池中水草与池边杂草应清除干净，按照 0.4～0.6 千瓦/亩配备增氧机。

（二）培育池清整

按照要求清除多余淤泥，推平池底，清除杂草后便可以进行清塘。鱼苗培育池宜采用两次清塘法：放苗前 15 天或稍长一点时间用生石灰清塘，可干法清塘或带水清塘（图 3-7）。干法清塘生石灰用量为 50～75 千克/亩，带水清塘（水深 30 厘米左右）生石灰用量为 125～150 千克/亩。生石灰不仅有杀菌消毒、杀灭水中或底

图 3-7 黄颡鱼苗种培育池生石灰带水清塘

泥中各种敌害生物的作用，还可以改善水质和底质，有利于鱼苗培育。清塘一周后加水至 60～120 厘米，加水时需用双层 40 目、长度≥4 米的网袋过滤。在鱼苗下塘前 5 天可以用漂白粉二次清塘，用量为 20～30 千克/（亩·米）。

（三）下塘前的准备

培育饵料生物。育苗池初次施肥搭配：氨基酸膏（水分 40%～50%）1.5～2.0 千克/亩＋复合生物肥类（发酵有机质＋无机肥＋矿物盐）3 千克/亩（或菜籽饼 6～8 千克/亩）＋磷酸二氢铵 1 千克/亩（或过磷酸钙 4～5 千克/亩）；对于有丰富淤泥，经验上较易萌发浮游动物的池塘，仅用氨基酸粉 1～1.5 千克/亩（或氨基酸膏 2 千克/亩），或用 2～3 千克/亩复合生物肥＋复合微生态制剂（酵母菌、乳酸菌发酵液，pH＜4）。

轮虫生物量≥10 微克/毫升视为达到高峰期，枝角类生物量≥20 微克/毫升视为达高峰期。23～28 ℃下，按上述方法培育饵料生物，通常 3～4 天轮虫达到高峰，6～8 天轮虫高峰消失，出现枝角类高峰。轮虫高峰期时水略浑，透明度通常＜30 厘米，浮游植物不茂盛，水色似米汤。黄颡鱼口裂较大，"水花"在轮虫或枝角类高峰期均可下塘。

测量水体 pH、氨氮、亚硝酸盐是否正常。氨氮值需≤0.3 毫克/升，亚硝酸盐值≤0.05 毫克/升，pH 应在 7.4～8.5 范围内。其中，pH 是影响黄颡鱼苗种成活率的主要因素之一，若 pH＞8.5，可采用的处理方案有：①泼洒腐殖酸钠 1 千克/（亩·米）；②一水合柠檬酸 10～15 千克/（亩·米）；③糖蜜 1～2 千克/（亩·米），单独或配合微生态制剂使用；④pH 3.5～4.0 的乳酸菌发酵液 30～50 升/（亩·米）。

也可以通过"试水"判断池塘条件是否适合鱼苗下塘：取约 10 升池水，放入活力正常的开口仔鱼 20～30 尾，持续观察鱼苗生存、行动情况 8 小时。"试水"时容器避免阳光直射。

二、驯食人工配合饲料

水体的天然饵料生物同时也是黄颡鱼鱼苗的主要致病菌——爱德华氏菌的携带者，为防止鱼苗长期摄食浮游动物引起红头、腹水等疾病，应尽快驯食鱼苗摄食人工配合饲料，这对于提高鱼苗的存活率至关重要。

下塘后 7～10 天开始沿池边泼洒粉料，也可配合使用自动投料的灯诱驯食桶进行粉料投喂，开始驯食时，粉料使用量为 2 万～3 万尾鱼苗投喂 50～60 克，此后根据鱼苗摄食情况逐渐增加。灯诱驯食桶在池塘下风口一侧安置（图 3-8），根据池塘大小沿池边安置 2～5 个。粉料投喂 5～7 天后开始混入模孔直径 0.3 毫米的饲料，逐渐减少粉料使用量，增加直径 0.3 毫米饲料用量，经约 5 天的

图 3-8　用灯诱驯食桶进行黄颡鱼早期驯食（下塘 10 天）

混合投喂后全部使用直径 0.3 毫米颗粒料，并逐渐将投喂范围集中于安放投饵机一侧的池边。下塘后 25～30 天，鱼苗已集中于料台，可换喂直径 0.5～0.8 毫米的饲料，下塘后第 35～45 天，可使用直径 0.8～1.0 毫米的膨化料。鱼苗规格达到 1 200～2 000 尾/千克时开始分塘或出售。

全国黄颡鱼水花下塘的放养密度有较大差异，最高可达 60 万尾/亩，华中地区推荐的放养密度为 25 万～35 万尾/亩。杂交黄颡

鱼苗种培育技术较成熟，经下塘 30 天左右的培育期，平均成活率可达 70% 以上。

三、日常管理与分塘

（一）养殖环境管理

1. 浮游植物

养殖水体透明度应在 30 厘米左右，相应浮游植物生物量 50～100 毫克/升。蓝藻暴发导致透明度偏低时，可延长增氧设备的开启时间；在池塘下风口有蓝藻水华的局部泼洒三氯异氰脲酸粉或硫酸铜（避免全池使用），连用 2 天；全池使用芽孢杆菌，间日使用，连用 3 次；使用二氧化氯、过硫酸氢钾等强氧化片剂，氧化底质的同时杀少量藻类。

2. 浮游动物

鱼苗下塘后，浮游动物生物量锐减，因此驯食前还需追肥 1～2 次，下塘 7 天后准备驯食前不再追肥，以免培育池里丰富的饵料生物影响驯食效果。

3. 敌害生物

黄颡鱼仔鱼最主要的敌害生物是龙虱及其幼虫（水蜈蚣）和蜻蜓稚虫（水虿）。

处理龙虱及水蜈蚣，可将边长 1.5～2 米的 PVC 管方框浮于水面，方框上方距离水面 40～50 厘米悬置灯泡或手电，方框内倒少量煤油。龙虱及水蜈蚣会趋光至"煤油灯"下，出水呼吸时腹部末端的气孔被煤油封闭，最终窒息而死。"煤油灯"每亩设置 3 个左右，连续使用 3 天，可杀灭绝大部分呼吸空气且趋光的敌害生物。

水虿从 1 龄期稚虫开始萌发，5 龄期前不捕食仔鱼，应对水虿首先应彻底清塘；在仔鱼下塘前若发现池中有水虿，可通过拉网清除部分；育苗前期应保证饵料食物充足，后期合理驯食，使鱼苗在水虿普遍达 9 龄期前全长超过 2 厘米。

（二）疾病防控

1. 寄生虫病

车轮虫病为黄颡鱼的常见寄生虫病，主要症状为离群独游、在水面打转、不吃食等，可通过拌料内服桉树精油、青蒿末、姜黄等预防，也可使用浓度为 1.2～1.5 毫克/升的硫酸铜和硫酸亚铁合剂（5：2）全池泼洒进行治疗。斜管虫可采用相同的防治方案。

一些固着类纤毛虫，如聚缩虫、杯体虫和毛管虫等，可寄生于黄颡鱼鱼苗的鳃或鳍上。该病与池塘有机质过多有关，可通过加强改底来预防，推荐使用高铁酸钾、过硫酸氢钾复合盐、过碳酸钙等进行改底。尤其有必要在一个生产周期结束时，对池塘底泥进行清理，通过日晒、冰冻、生石灰氧化等操作对底泥进行改善。

此外，若养殖水体管理不当，容易暴发小瓜虫。小瓜虫病表现为鱼体表、鳍、鳃有肉眼可见由滋养体形成的白点，病鱼集群成团，严重时候匍匐于岸边或浮出水面。密度高、水质偏瘦、有水草的池塘更容易发病，发病高峰期水温为 15～25 ℃。因此，在开春和入秋后，易发生小瓜虫病。特别是开春水质清瘦时，管理不当，容易观察到黄颡鱼形成一群一群的小群体，到处乱窜。该病不能用杀虫的方式进行治疗，因为小瓜虫在遇到药物后会形成坚固的包囊并落入水底，等药效过后包囊形成大量小瓜虫。目前，市场上未有小瓜虫病的特效药出售。通过调节水质，控制浮游动物量，维持水体肥力，能有效预防和控制小瓜虫的暴发。

2. 细菌性疾病

若发现鱼苗存在充血、肠炎、溃烂等细菌性感染症状，轻症可以外用复合碘按照每亩每米水深用 150 毫升；重症则应拌料内服抗生素：每 1 000 千克鱼用 10% 氟苯尼考 100～150 克＋10% 恩诺沙星 200 克，首次需加倍使用，使用前一天应停食，5～7 天为一疗程，两个疗程之间要间隔 30 天以上。五倍子等中药对细菌性疾病也有很好的治疗效果。

3. 分塘

鱼苗规格达到 1 200～2 000 尾/千克时，应拉网出售或分塘。分塘操作时，应避开高温时间段，尽量在晴天早晨或上午进行。操作时动作轻柔，避免黄颡鱼鱼苗胸鳍和背鳍的硬棘互相刺伤，导致感染。

若继续培育大规格苗种，可按照密度 4 万～6 万尾/亩进行分池，继续养殖至规格达到 100～200 尾/千克时，再按照密度 1.2 万～1.5 万尾/亩分塘进行成鱼养殖，如此可提高池塘的利用率；也可直接按成鱼养殖的密度 1.2 万～1.5 万尾/亩进行分塘。

第四章
黄颡鱼健康养殖技术

　　黄颡鱼是我国具有全民消费趋势的养殖鱼类，健康的养殖产品是全社会消费者的共同期许，也是黄颡鱼全产业链发展的共同目标。健康的养殖产品来源于健康的养殖技术，本章总结团队近20年来在黄颡鱼养殖实践中凝练的健康养殖理念，以及在生产实践中针对特定病害采取的防控技术。

　　在本书第一章中我们提及，近五年来在一些特殊养殖季节，如开春回暖时暴发性病害的发生给黄颡鱼产业带来重大损失，给养殖从业者的信心予以较大打击，给行业可持续发展带来阻力，我们将病害发生的原因总结成"五差两高"。但是，大部分从业者未找到病害发生的根本问题，对病害防控采取必要措施更是无从谈起。这些病害发生的根源问题，导致部分养殖户直接弃养。我国水产养殖业在过去几十年中经历了快速发展，产量增长较快，但随着人民生活水平的提高，消费者对于质量的要求越来越高，不仅要味道好，还要吃得营养、吃得健康。与此同时，国家环保力度和人民环保意识进一步增强，要求水产养殖业在不影响自然环境的前提下发展。因此，健康养殖应运而生，其应当包含健康的水产品生产和不影响周边自然环境的健康养殖环境。

　　健康养殖理念包括五大要素，即健康的种质与苗种培育、健康的养殖环境、健康的饵料与饲料、健康的投喂方式以及健康的养殖管理。健康养殖理念的提出，有助于黄颡鱼产业及其他水产动物产业的持续发展，是我国水产养殖业的必由之路，是未来发展趋势，是水产品高质量发展的必然要求，也是水产品优质优价市场氛围建立的重要基础。

第一节　黄颡鱼健康的种质与苗种培育

健康的种质与苗种培育是养殖成功最重要的基础，是减少养殖成本、保障养殖成活率和养殖收益的根本，其包含以下三方面的重要内容：

一、优良种质

优良种质是科学选育的结果，是针对自然群体或人工养殖群体开展的遗传育种的产出，包含三个方面，即养殖性能好、遗传多样性高、遗传稳定。遗传育种通常是针对某一个或几个有限的性状进行提纯的过程，其结果可能会导致养殖性能好。但遗传多样性较低，随着养殖时间的延长，病害可能大面积暴发。因为遗传多样性就像是"锁"，而病原像是"钥匙"，当遗传多样性高时，锁很多，钥匙有限，所以病原感染群体的比例较低；而当遗传多样性较低时，锁减少了，但钥匙还是那么多，所以病原感染群体的比例就会增加。所以，提高选育群体的遗传多样性对养殖性能至关重要。

增加繁殖群体遗传多样性的手段较多。例如最近一些年，在较多的水产动物繁殖场都意识到，常年预留自身的养殖群体作为繁殖亲本，会导致近亲繁殖概率增加，导致养殖性能下降。一些有经验的繁殖人员会与其他一个或数个养殖场或繁殖场交换亲本，如用自己挑选的雌鱼与另一个繁殖场的雄鱼配对，减少近亲繁殖导致的畸形率增加、养殖性能明显降低的现象。增加繁殖群体遗传多样性还可以补充自然群体，从自然群体中挑选一些大个体补充进繁殖群体中。此外，还可与高校或科研单位合作，检测繁殖群体的遗传多样性，有针对性地对繁殖群体进行扩充或更新，从而在保持良好养殖性能的同时，尽可能增加繁殖群体遗传多样性。

二、规范繁殖

有了优良种质，还必须要配套有规范的繁殖操作规程，包括科学的亲本培育、亲本挑选、人工繁殖操作规程、激素配伍和注射、科学的孵化管理、苗种转运等系列措施。尤其重要的是，鱼类怀卵量一般较大，以量取胜，每个母本的后代可能都会存在弱苗，弱苗淘汰这步就显得非常重要。在黄颡鱼规模化繁殖过程中，一般是在孵化后转入暂养池中，根据弱苗不爬池壁而集中在暂养池中间区域分散分布的特点，从而将弱苗虹吸淘汰。规范的繁殖对于亲本产后护理也至关重要，在繁殖操作过程中，减少亲本损伤和应激，有利于保存重要亲本，避免亲本死亡而增加成本。

目前，我国水产动物亲本营养仍然有较大的提升空间，市场上少有专门针对特定养殖对象的亲本饲料，说明亲本培育的重视程度不够。尤其是在我国特色养殖水产动物占比增加的大环境下，多数特色水产动物性成熟年龄小、规格小、怀卵量不高（与"四大家鱼"相比），繁殖亲本保有量较大，更应当对亲本进行强化培育，提高繁殖效果和后代质量。

三、健康苗种培育

有了优良种质和规范的繁殖规程，其生产出的苗种也要进行规范化培育，才能生产出健康苗种，与人类"优生优育"是同样的道理。良好的培育环境，包括优良水质、合理密度和良好的池塘条件，是培育健康苗种的基本保障。培育充足、适口的天然饵料，对培育健康苗种、提高存活率和生长率至关重要。不仅是黄颡鱼，对于其他鱼类来说，开口及开口后的一段时间，摄食天然饵料（浮游动物）对鱼类生长和成活都有积极意义。在恰当的时期进行人工配合饲料的驯食，有助于提高黄颡鱼苗种生长速度。生产上一般在水花下塘后7～10天开始投喂饲料，进行驯食工作，并及时根据鱼苗规格大小进行饲料粒径的调整。

　　健康的苗种培育，还包括在合适的时期，对苗种进行拉网锻炼、筛分、分塘，降低养殖密度，从而在保证池塘利用效率的情况下，保证苗种生长速度。在苗种培育阶段进行拉网锻炼，是我国水产养殖特色的养殖智慧。拉网锻炼可以增加苗种运输存活率，增强后期养殖过程中的抗逆性。

第二节　健康的养殖环境

　　健康的养殖环境是健康水产品产出的基本保障。黄颡鱼是底层鱼类，底质健康尤其重要。同时，对于长期生活在水中的鱼类来说，水之于鱼，就像空气之于人一样，水环境健康也非常重要。因此，本节分底质健康与水质健康进行分别讨论。

一、底质健康

　　黄颡鱼是极端底层鱼类，作者把其称之为"爬在泥巴上跑的鱼"，除摄食或其他特殊情况外，黄颡鱼长期在底泥上活动，或钻到底泥中活动。当我们把黄颡鱼放在底部有较大鹅卵石的透明水族缸中时，很快就会发现，黄颡鱼将水族缸底部的鹅卵石拱到了两边，从而贴着水族缸底部玻璃活动（图4-1）。所以，底泥健康对于黄颡鱼养殖尤为重要。

　　底泥也是养殖环境中巨大的病原库和耗氧源，病原微生物在季节变化或药物使用情况下，可能将其"隐藏"于底泥表面或底泥中，同时底泥在养殖过程中大量消耗水体溶解氧。有读者会问，那干脆不要底泥，直接把底泥完全清理干净行不行呢？答案肯定是不行。从成本的角度来说，将养殖过程积累的底泥完全清理干净，成本较高，既需要足够的空间囤积底泥，又要大量花费人力物力财力

图4-1　"爬在泥巴上跑的鱼"——杂交黄颡鱼"黄优1号"

来进行底泥清理。更重要的是，底泥虽然大量耗氧，也包含大量病原微生物，但是底泥也是池塘生态环境的缓冲器，是微量元素的储存库，是浮游生物和微生物更新换代不可缺少的部分。因此，我们建议黄颡鱼养殖池塘底泥深度控制在20～30厘米，既保障养殖水体水环境稳定性和微量元素释放，又减少病原微生物和耗氧源。尤其重要的是，养殖3年以上的池塘，如果不对底泥进行清理或处理，黄颡鱼发病频率会大大增加。

对于黄颡鱼养殖池塘，推荐采用三种改良底质相结合的方式进行底质优化：一是彻底性改底，每2年对多余底泥进行清理，保留30厘米以下底泥。二是年底性改底，在养殖周期结束，即卖鱼清塘后，采用生石灰消毒改良、日晒、冰冻相结合的方式，充分让底泥进行氧化，减少未来病原微生物和耗氧源。三是过程性改底，即是在养殖过程中，使用底改产品，临时对底质进行改良，从而减少病害发生，也同时有助于改善水质状况。这三类改底方式可根据底质和水质状况相继进行。

二、水质健康

养殖环境中的鱼，无时无刻不在与水进行亲密接触，水产中有很多描述水环境重要性的话语，如"好水养好鱼""养鱼先养水""水至清则无鱼"，水质健康对于养殖成功率、养殖成本和养殖收益、病害防控等非常重要。鱼在生长过程中，"吃喝拉撒"全在水里，鱼的代谢物对水质产生了重要影响，水质的变化又对鱼的生长、饵料利用率、存活等产生影响。例如，不同溶解氧条件下，饵料的利用率能相差数倍（杨凯等，2010），免疫机能与抗病力也有较大差别（沈凡等，2010），在较高溶解氧条件下饲料利用率、免疫力和抗病力显著高于较低溶解氧条件。水环境也中病原微生物的载体，对病原进行广泛传播。水环境对浮游生物与微生物的生长和更新换代也至关重要，而浮游生物与微生物对水质健康同样非常重要。

池塘养殖与工厂化养殖，在水质调控的原理上是完全不一样的，所以将二者混为一谈或试图将工厂化养殖的水质调控技术用到池塘上，是行不通的。工厂化养殖，通过物理（微滤机等过滤装置）、化学（臭氧消毒、除氮、除碳等）和生物（建立微生物群落）方法，对养殖水环境进行逐级改善，不仅要将大颗粒物剔除，还要将其中的生物去除。而池塘养殖水环境的改善，是通过生态方式，通过调节浮游生物与微生物（也叫藻相和菌相），通过微生物将有机物分解成无机物或更小的有机物，这些物质又被浮游植物或浮游动物利用，从而将其中的氨氮、亚硝酸盐等物质浓度降低，达到改善水环境的目的。更重要的，虽然池塘中都配备有增氧机，但增氧机并不是池塘溶解氧的主要来源，浮游植物的光合作用产生的氧才是池塘水环境溶解氧的主要来源。

因此，了解了池塘养殖水环境的特点，水质调控便有据可依。在黄颡鱼的养殖池塘中，保持一定的水体肥度对水质稳定、鱼体健康很重要，尤其重要的是，黄颡鱼在开春水温回升和秋季水温下降过程中，都容易感染小瓜虫病，而长期保持一定的水质肥度，则能有效预防小瓜虫病发生。我们提出，保持黄颡鱼池塘的"肥、活、爽"是可以实现的。"肥"指水体有一定肥度，能明显观察到浮游植物和浮游动物以及其所呈现的颜色，浮游植物生物量在 20～50 毫克/千克水平。"活"是指水色和透明度有明显变化，这种是反映浮游生物随日照、季节及水质变化的直观观察；水色发黑或发白，水色很难有较大变化，就是死水，都提示水质存在问题，需要及时调整。"爽"是指水质清爽，不混浊，有机悬浮物或泥沙不足以形成重色。

除了浮游植物和微生物强烈影响水质，底质、鱼体活动、拉网操作、投喂水平、天气变化、施肥、增氧、加注新水、用药等均会对水环境产生影响。因此，水质健康是综合因素作用形成的。在池塘养殖环境中，尤其要注重泼洒类药物的使用。池塘养殖环境的最大特点，是存在大量浮游生物和微生物，从而保持水质稳定和水生态环境优良，泼洒类药物可能会在短时间内影响这类生物数量和种类上的变化，引起微生态失衡和水环境突然变化，从而导致鱼类产生应激、免疫力下降，甚至死亡。因此，在正常生产季节，保持水环境稳定的处理方式尤为重要。抗生素类药物不应当泼洒使用。

第三节　健康的饵料与饲料

饲料产业在我国水产养殖业的发展中起到了关键作用，推动了可控环境中的精准养殖。在当前我国池塘养殖现状中，饲料成本一般占到养殖总成本的 70% 左右，饲料的品质对养殖成本、鱼体生长、免疫、成活及养殖收益都有重要影响。

健康养殖理念中，健康的饵料与饲料包括饵料健康和饲料健康。饵料健康是指，在鱼类早期发育阶段，我们提倡在开口吃食及紧接下来的一段时间，必须以浮游动物为食，天然饵料的适口度、数量是保障鱼苗存活和后期生长的重要因素。因此，在鱼苗下塘时，需要培育适口、充足的天然饵料生物，一般生产上以轮虫达到高峰期时下塘最为合适，具体方法在第三章中有详细介绍。随着鱼苗的生长，浮游动物的数量、大小和营养都不能满足生长需要。因此，在合适的时机进行人工配合饲料的驯食，对提高生长速度和存活率至关重要。

饲料健康，是一个更为复杂的概念，包括主要营养元素和微量元素的适合性，以及免疫增强剂、保肝护胆产品、肠道功能调节产品等的使用。尤其重要的是，在养殖鱼类中，商品饲料蛋白水平超过鱼类蛋白需求是普遍存在的现象。例如，2010年时作者便总结了黄颡鱼的蛋白质需求，发现其在商品鱼养殖阶段最适蛋白水平在40%左右（沈志刚等，2010），但是黄颡鱼商品饲料蛋白水平普遍超过42%，甚至有"快大料"的蛋白水平达到45%以上。高蛋白水平的饲料给养殖过程带来了一系列问题。与此同时，蛋白水平并不直接反映饲料质量；蛋白质量，特别是氨基酸平衡，才能更大程度地反映饲料品质。随着蛋白原料价格的大幅上涨，众多饲料公司实行饲料定价制选用饲料原料，即先确定商品饲料的价格（公司能产生利润的价格），然后根据价格选用原料进行饲料生产，而不是根据鱼需要什么样的营养，从而配制饲料。这样的市场行为，给黄颡鱼产业带来了巨大冲击。高水平、低质量蛋白在饲料中的大量使用，会给鱼体健康和水体健康带来负面影响。从鱼的角度来说，高水平、低质量蛋白给鱼体带来巨大的代谢负担，不该有的物质多了，该有的营养物质又不够，因此有大量物质未被鱼体吸收而排泄到了水体中。对于水体来讲，更多的有机质进入了水环境，会产生更多的氨氮，加重了水质的恶化，从而对鱼体生长和存活产生负面影响。

因此，为了水产养殖的可持续发展，在杂食性和肉食性鱼类中选育耐粗粮新品种，降低饲料中鱼粉和蛋白水平，是未来水产养殖长期的重要研究领域。

第四节　健康的投喂方式

在健康的饵料与饲料基础上，投喂方式对养殖成本与收益至关重要。饲料占养殖成本比重一般超过 60%，投喂方式不仅影响生长速度、存活率，还对鱼体健康、饲料利用率有较大影响，最终影响上市时间和上市价格。投喂方式对肠道健康影响巨大，而肠道健康又对机体免疫产生重要影响，因此健康的投喂方式尤其重要。鱼类是变温动物，投喂方式也受天气、水温、水质、用药、鱼体状况、鱼体生长发育阶段、养殖条件等因素的影响，因此投喂方式在生产实际中没有一成不变的法则，应当科学地根据所处内外环境条件进行调整。本节针对食用鱼养殖所述的健康的投喂方式，主要包括四方面内容：投喂率、投喂频率、投喂时间和投喂方法。

一、投喂率

投喂率又称投喂水平，是指当日投喂量与养殖鱼类体重的百分比。与其他鱼类一样，研究表明，不同投喂率对黄颡鱼生长和饲料利用率有显著影响。笔者团队研究发现，按饱食量的 100%、90%、80%、70%、60%、50%分成 6 个实验组，饲料转化率在饱食量 70%投喂水平下最高，100%投喂率的生长显著快于 70%组（方巍，2010）。在生产实际中，因为膨化饲料进入胃肠道后吸收黏液而膨胀，饱食投喂很容易导致摄食过量，导致肠道严重挤压，造成肠道损伤，从而影响消化吸收和免疫功能；过量投喂导致的较低饲料利用率，同时也导致过多未利用的有机物进入养殖水体，造成有机物过多，最终导致氨氮和亚硝酸盐累积。因此，有"吃得越饱，死得越早"和"吃得越多，死得越快"的说法。在生产实践中，通过实际的数据观测，我们对不同规格黄颡鱼健康投喂率进行了总结，如图 4-2 所示，在对应的投喂率下，饲料利用率较高，黄颡鱼通常不会因为投喂问题而发病，水质也在可控范围内。此外，在生产上，也可以测定饱食投喂量，然后取饱食投喂量的70%～80%进行投喂，与老百姓说的吃饭"吃七八分饱"是一个道理。

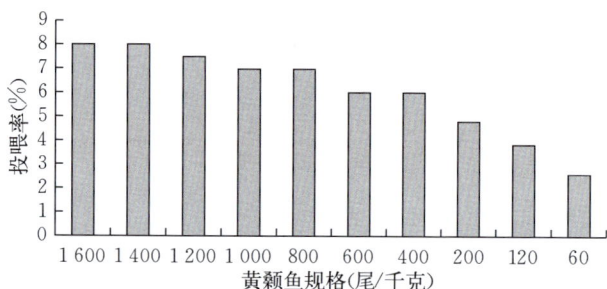

图 4-2 黄颡鱼健康养殖理念下的安全投喂率

总之，过量投喂危害极大，易导致饲料利用率低、肠道损伤、免疫力低下和水质恶化，从而引起黄颡鱼死亡。

二、投喂频率和投喂时间

投喂频率和投喂时间密不可分，投喂频率指单位时间内（通常指一天内）的投喂次数，投喂时间指每天投喂的时间段。投喂频率和投喂时间与食性、摄食习性及鱼体健康状况相关。在自然条件下，肉食性鱼类摄食频率低；杂食性鱼类次之；草食性鱼类摄食频率高，甚至长时间持续摄食。黄颡鱼属杂食性鱼类，喜弱光条件下吃食。生产实践中，因为受到溶解氧水平的日变化、黄颡鱼的摄食习性、人们生活习惯等影响，在正常生长季节，通常采用早晚两餐投喂方式，并且晚餐通常占到全天投喂量的70%以上；水温较低时，采用晚上一餐投喂方式。但是这种投喂方式，在池塘溶解氧水平不足时，极易导致大量摄食后进一步消耗水中溶解氧，从而导致饲料利用率低和缺氧。建议提升池塘溶解氧水平，在溶解氧充足的条件下将早晨投喂量占比提高，占全天投喂大多数，晚餐少喂，从而提高饲料利用率，减少缺氧情况发生。

三、投喂方法

除了投喂率、投喂频率和投喂时间，在大规模生产实践中，如何投喂也非常关键。黄颡鱼有集群摄食习性，但是在非投喂时间，会在池塘中呈分散性的群体分布，也就是一群一群分散在池塘各个区域。同时，黄颡鱼游泳速度较慢，对于较大的池塘来说，从离投饵机最远处游至投饵机正前方，需要一定时间。因此，在生产中，应当先空开投饵机，让黄颡鱼先集群，等主要群体形成，再开始投喂，这样会使吃食更均匀，减少个体生长差异。

对于较大池塘来说，普通自动投饵机投喂范围较小，应当使用风送投饵机或增加自动投饵机数量进行投喂。同时，黄颡鱼集群摄食习性非常强烈，在投食过程中形成巨大群体，导致摄食群体中及周边水体溶解氧水平下降迅猛，一般会下降至3毫克/升以下，因此应当采取有效措施解决瞬时溶解氧不足的问题。生产实践中，一般首先是保证池塘水体溶解氧充足，在这个前提下，在黄颡鱼摄食集群区域附近安装一台水车式增氧机，摄食过程中对着黄颡鱼群体进行增氧，避免水体瞬时溶解氧不足。

随着气候、水温、鱼体生长发育阶段、鱼体状况、水质状况、操作、用药等情况对投喂进行调整是非常有必要的。尤其要强调的是，在一年中有较多的季节更替，如春分、秋分等明显变化过程中，要注意投喂量的调整。

此外，晚秋及冬季管理近年来日益成为黄颡鱼养殖的焦点，对来年开春鱼体发病有重要影响。多数黄颡鱼养殖从业者认为冬季黄颡鱼不吃食，即便吃食其进食量也非常小，吃了也不长，从 11 月底至翌年 3 月间近 4 个月时间不投喂或极少投喂，连续不投喂时间一般超过 90 天。笔者认为，晚秋及冬季阶段应当持续投喂，通过补充有益肠道健康和提高免疫力的保健品，保持肠道基本功能和正常免疫功能，可以通过简单浸泡饲料的方式软化饲料，或将保健品混入饲料的过程中软化饲料，根据天气情况每周投喂 1 至 2 次。持续投喂有助于让黄颡鱼肠道保持基本功能，而不至于在长时间不投喂后，开春时节突然投喂导致肠道受损，短期内引起免疫力下降问题。笔者认为，冬季长时间不投喂，在开春后突然投喂是黄颡鱼开春发病的重要诱因。

除上述在生产中较为常见的投喂方法外，间歇性断食是一种有效节省饲料、恢复体质的潜在方法。间歇性断食，或称限制投喂，通常在研究中被称为补偿生长，即是经过一段生长抑制期后恢复有利条件时，表现出的一种加速生长的现象。许多动物在从完全或部分食物限制中恢复正常食物条件时，比在连续食物供应期间表现出更快的生长速度；结果就是，经历一段生长抑制期的动物可能会达到与经历更有利环境条件的同类相同大小。近年来生物的这种补偿生长特性引起了水产养殖行业的极大兴趣，研究者们通过大量的试验探究饲料限制对鱼类生长的影响，以期通过一定的饲料限制方案，激发补偿生长机制，从而在饲料量投入减少条件下，获得与连续投喂相同或者相差不大的终末体重，以此降低投入成本并促进渔业的可持续发展。笔者研究团队研究发现，在持续投喂（CF 组）、喂 7 天停 1 天（F7S1 组）和喂 3 天停 1 天（F3S1 组）三种投喂方式下养殖黄颡鱼，F7S1 组和 F3S1 组饵料系数显著低于 CF 组，CF 组与 F7S1 组终末体重和特定生长率均显著高于 F3S1 组，存活率也无显著差异，表明喂 7 天停 1 天这种投喂方式可提高饲料利用率（乔浩峰，2023）。因此，在生产中，可采取喂 7 天停 1 天的投喂方法进行，既节省饲料成本、提高饲料利用率，也节省人力，同时也有利于让鱼体长期保持健康状况。

第五节 健康的养殖管理

　　水产养殖八字经为"水、种、饵、混、密、轮、防、管"，前三者是基本生产资料，中间三者是养殖方法，在这些基础上，养殖成功与否和收益多少取决于防和管，特别是管，因此健康的养殖管理至关重要。除上述内容外，所有与养殖相关的活动都可归于养殖管理，包括但不仅限于巡视与记录、消毒与药品使用、饲料的采购与储存、进排水与其他设施设备、定期打样检查、水温调节、水质监测、病害综合防治、捕捞与运输等。

一、巡塘与记录

　　做好夜间及气候变化阶段的巡塘工作，以及做好养殖过程的全程记录，对指导养殖生产、避免重复发生相似事故、生产健康产品等至关重要。在养殖中后期，存塘量较大时，傍晚至凌晨阶段易发生缺氧浮头现象，做好巡塘能挽回巨大经济损失，保障养殖成功。做好养殖记录，特别是发病、用药、捕捞、分塘等重要事件的时间节点和关键参数，对未来养殖生产起到重要作用。

二、消毒与药品使用

　　养殖池塘较天然水体有机物含量更高，易产生高水平的致病微生物，定期用生石灰、二氧化氯等产品做好消毒工作，能有效预防病害发生。在病害发生后，进行正确诊断，从而对症下药，对病害治疗和食品安全来说是必要手段。此外，在高密度养殖条件下，抗生素的使用要严格按照水产健康养殖五大行动中"养殖用药减量"的重要要求。从根本上减少抗生素等药品的使用需要系列综合性措施的实施，包括本章重点讲述的健康养殖理念的实施。

三、饲料的采购与储存

饲料，特别是杂食性鱼类和肉食性鱼类的饲料，蛋白水平较高，在高温条件下保质期较短，做好饲料的采购与储存对养殖鱼类体质和品质非常关键。自黄颡鱼开展膨化饲料养殖以来，每年均有"香蕉鱼"事件发生，本来棕褐色与黄色相间的体色被养成了通体香蕉色（彩图3），绝大部分情况下都与原料中的鱼油或其他成分变质有关，严重影响了养殖从业者的收益。

四、进排水与其他设施设备

良好的进排水系统，不仅可以减少人力物力，提高捕捞效率，还能在雨水较多的季节避免因积水过多导致的漫塘，减少重大损失，也能在高温或低温季节进行池塘水体的有效补充或更新。其他设备如发电机、断电报警装置、抽水泵、各类网具也是必不可少的，尤其是断电报警装置，低成本下可挽回巨大损失。

五、定期打样检查

定期打样检查能及时发现鱼体异常状况，有效判断病原从而对症下药，也能通过打样进行生长监测、计算饵料系数。生产中，应当每15～30天打样检查一次，检查鳃、体表、肠道、肝脏、胆、脂肪沉积等，进行称重、体长测量，计算肥满度和阶段性饵料系数。如需判断黄颡鱼吃食饲料后的消化情况，应当在投喂结束6小时后进行，观察胃和肠道不同部位的饲料状态。

六、水温调节

池塘水温受气候变化影响巨大，天气的突然变化易导致鱼类产生强烈的应激，持续高温和低温气候对黄颡鱼来说也是巨大挑战，在全国大部分黄颡鱼主产地区进行水温调节显得尤为重要。夏季持续高温情况下，可通过加深水体和加注井水的方式进行降温处理，开增氧机也是降低表层水体温度的有效措施。黄颡鱼属极端底层鱼类，更确切地说是爬在泥巴上跑的鱼类，非摄食期间通常在底泥上活动，而夏季高温摄食时，需从底层低温水体游向表层高温水体，温差可能超过5℃以上甚至更大，极易引起热应激。在加深水体的情况下（2米以上），通过增氧机的搅动，不仅有效提高光合作用效率，向下层水体输送溶解氧，还能将上下层水体进行对流，减少因上下层水体温差大而引起的摄食应激。在湖南以北地区，池塘冬季通常会结冰，结冰导致空气中溶解氧溶入减少，因此，做好保温工作也很重要。生产中，可以通过泡菜饼的方式进行保温，原理是菜饼发酵过程中会产热，同时菜饼含有大量有机物，可以进行浮游植物培养，不仅增加浮游植物数量从而起到保温作用，还能增加光合作用。有条件的情况下，也可以通过加注井水进行升温。

七、水质监测与养殖数据化

持续了解水质状况，对养殖成功至关重要。不论是从硬件还是软件的层面来讲，池塘水质的实时监测均是可以实现的，对于一定规模化的养殖场来说，增加的成本也是可以接受的。到目前为止，用较少的水质监测指标，反映水体的整体状况是较难的科学问题，如通过溶解氧、水温、pH、氨氮等较少的水质指标来真实反映水质健康状况。因此，目前在水质监测硬件上的投入存在阻力，除了部分监测数据的可靠性外，最大的阻力是成本和使用的便捷性。对水质进行长期监测并进行有效总结分析，即水产养殖的"大数据"，对水产养殖具有重要指导意义。

在黄颡鱼的养殖生产中，近年来已有通过养殖数据化的管理方式，预防黄颡鱼病害发生，从而保障养殖户收益的案例（彩图4）。总体来讲，水产养殖数据化是水产行业走向智慧化发展的必要路径，其有以下几方面优势：

（1）通过对溶解氧、pH 等关键水质参数的跟踪，可以有效降低增氧机等无效消耗，减少饲料浪费，提高饲料效率，减少依赖经验的人力劳动，降低成本，提高生产效率。

（2）通过长期养殖过程中的水质监测，可以有效预防疾病发生，降低养殖风险。

（3）养殖生产过程可追溯，是水产品优质优价的重要基础。

八、病害综合防治

病害和死亡的发生对养殖收益和养殖心态产生巨大影响。除以上提及的措施外，进行正确疾病诊断、对症下药、准确把握用药剂量以及持续关注水质健康状况，对病害综合防治均有积极意义。但是，病害以防为主的理念任何时候都不会改变。

九、捕捞与运输

有效起捕和运输，是养殖活动的收尾工作。而商品鱼在出售之前，至少需要做三个必要工作：一是准确了解池塘养殖鱼类的规格大小，大部分地区还讲究"炮头"（最大个体）；二是准确推算休药期；三是联络好流通渠道，实时了解交易市场价格。

此外，我国目前阶段还未建立苗种或成鱼检疫制度和隔离制度，在鱼车等运输媒介的携带下，各省份间病原流动极为频繁，流行病学研究难度极大。例如，黄颡鱼"方块烂身病"（体表溃烂呈正方形或长方形），其病原是由拟态弧菌引起的（陈成等，2017），而拟态弧菌原本仅在海水鱼上发现，近年来也发现能感染黄颡鱼、南方鲇等淡水鱼类，死亡率高达 $80\% \sim 100\%$，造成严重经济损失。而该病的流行推测是由沿海养殖省份通过鱼车运输鱼苗的方式向内地传播的，当然其流行病学还需进一步考证。

以上对黄颡鱼池塘健康养殖理念的内涵进行了全面阐述，其对健康养殖技术的实施具有明确的指导作用。

第六节 黄颡鱼病害防控技术

一、黄颡鱼病害发生情况概述

近些年来，黄颡鱼的养殖在我国发展十分迅速，其产业规模在不断扩大。随着黄颡鱼养殖规模的不断发展，黄颡鱼病害问题也越来越突出。国内外对黄颡鱼病害的研究较少，最近几年检测出的黄颡鱼病害种类较多，发病症状多样、不够典型，增加了病害诊断的难度。而且，在病害监测过程发现苗种携带病原的情况，因此增加了防控难度，造成了较大的损失。黄颡鱼病害发生主要因素包括以下几方面：

（1）养殖密度过大 我国的黄颡鱼养殖主要以池塘养殖模式为主，养殖过于追求产量，养殖密度过大。养殖户普遍存在池塘相应配套设备和技术未明显改善提高，导致养殖中后期风险不断加大，发病率和死亡率明显升高。

（2）苗种质量良莠不齐 当前黄颡鱼苗种种类繁多，有普通苗、杂交苗等，苗种质量参差不齐。一是苗种本身体质弱、抗病力差，当养殖水体含有致病菌后，在适当的温度条件下暴发，导致体质较弱的鱼先感染，后通过水平传染致其他鱼大量感染。二是苗种本身带有致病菌，在适当的温度下被激活而大量繁殖，继而暴发流行。

（3）管理不到位 一些黄颡鱼养殖场在养殖过程中疏于管理，可能未做好池塘和鱼苗的彻底消毒，放养密度过大，投喂的饲料品质也不稳定，水质变化大，进而刺激鱼体更容易感染病原。

为了能够有效防止黄颡鱼病害的发生和蔓延，建议加强以下几个方面：

（1）加强苗种检疫　加强对苗种的检验检疫，做好消毒等预防工作，进一步健全水产苗种可追溯制度，保障黄颡鱼养殖的源头安全。构建从苗种源头检疫开始的预防和控制养殖病害，防止疫病传播，保障水产品安全的防控策略。

（2）加大病害监测力度　继续开展黄颡鱼不同养殖阶段主要病害的监测和检疫，扩大监测范围，增加监测频率，适时开展系统调查，全面、准确掌握不同季节、不同养殖阶段黄颡鱼的主要病原、发病原因、发病动态，为黄颡鱼病害的精准防控提供依据。

（3）强化主要病害的精准、快速检测　一些病害并没有出现典型的临床症状，从而导致一些养殖户不能精准用药和控制病害，造成了严重的损失。因此，要强化黄颡鱼主要病害的精准快速检测，指导科学防控。

二、黄颡鱼寄生虫病防治

（一）小瓜虫病

1. 病原

小瓜虫病是由多子小瓜虫（*Ichthyophthirius multifiliis*）寄生于黄颡鱼体表和鳃上引起的。小瓜虫属原生动物门、纤毛虫纲、凹口科、小瓜虫属，寄生后形成胞囊，呈白色小点状，肉眼可见。严重时鱼体浑身可见小白点，故称白点病。它引起体表各组织充血，鱼类感染小瓜虫后不能觅食，加之继发细菌、病毒感染，可造成大批鱼死亡，其死亡率可达 $60\%\sim70\%$，甚至全军覆没，对养殖生产带来严重威胁。

2. 流行情况

小瓜虫主要危害黄颡鱼鱼苗、鱼种，尤其是鱼苗的死亡率高，感染后主要表现为体表、鳃上黏液分泌增多，或形成白点，发病水温 $15\sim25$ ℃。

3. 诊断方法

病鱼体色发黑，消瘦，游动异常。体表、鳃和鳍条布满无数白色小点。病情严重时，躯干、头、鳍、鳃、口腔等处都布满小白点，有时眼角膜上也有小白点，并同时伴有大量黏液，表皮糜烂、脱落。

4. 防控措施

（1）预防　对苗种进行严格的检疫，鱼苗放养前进行消毒，并对池塘进行清淤，对有发病史的池塘或养殖水体，用生石灰彻底消毒。定期打样，对鱼体体表和鳃进行检查。长期保持池塘水体有一定肥度，保持水质稳定。

（2）治疗　用含大黄、五倍子与辣椒粉合剂药物煎汁泼洒。水体清瘦的池塘应当及时肥水。

（二）车轮虫病

1. 病原

车轮虫属（*Trichodina*）和小车轮虫属（*Trichodinella*）的一些种类，属纤毛纲、寡膜亚纲、缘毛目、车轮虫科。能寄生于黄颡鱼体表和鳃上。侧面看虫体呈一个毡帽状，反面看呈圆碟形，运动的时候像车轮一样转动。

2. 流行情况

主要危害鱼苗和鱼种，严重感染时可引起鱼苗大量死亡，成鱼寄生后危害不严重。全国各养殖区一年四季均可发生，主要流行于4—7月，以夏、秋季为流行盛季，适宜水温 20～28 ℃。水质恶化、放养密度过大，或鱼体发生其他病害、身体衰弱时，车轮虫往往大量繁殖，易暴发病害。

3. 临床诊断

病鱼体色发黑发暗，摄食困难，鱼群聚于池边环游不止，呈"跑马"症状；大量寄生时，在寄生处来回滑行，刺激病鱼大量分泌黏液而在寄生处黏液增多，形成黏液层。显微镜下可观察到鱼鳃和体表有车轮虫大量寄生。

4. 防控措施

（1）预防　鱼池及水体用生石灰或者漂白粉消毒，加强水体水质培养管理，鱼种放养前使用铜铁合剂或食盐药浴。

（2）治疗　全池泼洒铜铁合剂、福尔马林。

三、黄颡鱼细菌病防治

（一）黄颡鱼腹水病

1. 病原

维氏气单胞菌（*Aeromonas veronii*），革兰氏阴性菌，为两端圆形的杆状，一根端生鞭毛运动。

2. 流行情况

黄颡鱼腹水病在苗种和成鱼饲养期间危害都较大。当水温在25～30℃时易发病，暴发后来势猛，蔓延快。在苗种培育阶段，发病后死亡率高达80%。成鱼养殖阶段，多发生在5月份。

3. 临床诊断

发病黄颡鱼吃食减少或不吃食，独游，浮于水面，体色泛黄，黏液增多，腹部膨大，肛门红肿外翻。肝脏发白，肠道发红，腹腔有大量血水或黄色冻胶状物，胃肠无食或少食（彩图5）。

4. 防控措施

（1）预防　从鱼种、饵料和水源着手阻断病原，彻底清淤消毒。为了杜绝感染源，控制养殖密度，降低高密度导致免疫力下降的风险，应加强水质监控。在喂料前要多注意天气的变化，阴雨天合理控料；正常天气情况下注意早晚投料比例。养殖过程中投喂益生菌、中药提取物等调节肠道健康和促进消化的动保产品。

（2）治疗　根据药敏试验结果内服抗生素治疗，使用抗生素后应及时投喂益生菌以恢复肠道菌群。

（二）黄颡鱼裂头病（头穿孔病）

1. 病原

鮰爱德华氏菌（*Edwardsiella ictaluri*），革兰氏阴性菌，菌体为短杆状，具周生鞭毛。

2. 流行情况

黄颡鱼头穿孔病，又叫"一点红病""裂头病""头肿病""红头病""开天窗"，是黄颡鱼养殖中常见的病害，从苗种到成鱼都会患病，水温25～28 ℃发病比较严重。所以，每年6—9月是发病高峰期。主要发生在水温15 ℃以上，病害发生高峰多出现在水温25～30 ℃。普通黄颡鱼雌鱼与瓦氏黄颡鱼雄鱼繁殖的子代杂交黄颡鱼对该病有天然抗性，因此，在养殖过程中发病情况明显减少。

3. 临床诊断

发病黄颡鱼头顶部充血膨胀，形成脓疱，头部皮肤溃烂，严重时头顶穿孔、裂开，更有甚者头盖骨蛀空，形成狭小空腔，脑组织流出；体表有血点或血斑。解剖可见腹腔积有淡黄色液体，肝、脾、肾均肿大变形，胃部无食或充液。病鱼游动时出现侧泳或打转、头朝下，尾朝上的姿态（彩图6）。

4. 防控措施

（1）预防　彻底清淤，用漂白粉或生石灰干法清塘；加强水体水质培养管理，在流行高峰季节，每10～15天全池遍洒生石灰1次消毒。同时投喂益生菌、中药提取物等调节肠道健康和免疫力的动保产品。

（2）治疗　根据药敏试验结果内服抗生素治疗，使用抗生素后应及时投喂益生菌以恢复肠道菌群。

（三）迟缓爱德华氏菌病

1. 病原

迟缓爱德华氏菌（*Edwardsiella tarda*），革兰氏阴性菌，菌体为短杆状，具周生鞭毛。

2. 流行情况

主要发生在水温15 ℃以上，病害发生高峰多出现在水温25～30 ℃。对黄颡鱼鱼苗、鱼种及成鱼均可感染致病。

3. 临床诊断

迟缓爱德华氏菌感染黄颡鱼后主要出现厌食、离群独游、体表有出血症状，腹部肿胀，解剖发现内脏腹水，肾脏呈弥散状（彩图7），然而有的黄颡鱼并没有出现明显症状。

4. 防控措施

（1）预防　彻底清淤，用漂白粉或生石灰干法清塘；加强水体水质培养管理，在流行高峰季节，每10～15天全池遍洒生石灰1次消毒。同时投喂益生菌、中药提取物等调节肠道健康和免疫力的动保产品。

（2）治疗　根据药敏试验结果内服抗生素治疗，使用抗生素后应及时投喂益生菌以恢复肠道菌群。

（四）黄颡鱼方块烂身病

1. 病原

拟态弧菌（*Vibrio mimicus*），革兰氏阴性短杆菌，具有单鞭毛，有动力。

2. 流行情况

黄颡鱼感染拟态弧菌后形成方块形溃烂，也称为"黄颡鱼方块烂身病"，该病具有发病急、死亡率高的特点，发病水温在18～30 ℃，发病严重的池塘氨氮、亚硝酸盐较高，这也成为黄颡鱼"方块烂身"的诱发因素，对鱼种与成鱼的危害大。

3. 临床诊断

黄颡鱼感染时，摄食减少甚至停食，病鱼体表出现白色方块形褪色斑，进而糜烂并露出其内部肌肉，最终形成特征性的方块形溃疡病灶（彩图8）。

4. 防控措施

（1）预防　由于拟态弧菌感染病程进展迅速，且发病后病鱼基本不摄食，该病的药物治疗十分困难。养殖过程中应做好预防工作，要控制养殖密度，定期消毒，保持良好而稳定的水环境。要经常检查鱼的生长和摄食状态，发现问题及时处理。在发病初期尽早诊断并及时控制是减少损失的关键。

（2）治疗　一旦暴发拟态弧菌病，养殖户应尽快由专业实验室进行敏感药物筛选，及时选择合适的抗生素进行口服治疗，使用抗生素后应及时投喂益生菌以恢复肠道菌群。

（五）类志贺邻单胞菌导致的烂身与肠炎病

1. 病原

类志贺邻单胞菌（*Plesiomonas shigelloides*）是一种革兰氏阴性杆菌，广泛分布于自然界中的土壤、水体和植物表面。它具有强大的生存能力和适应性，能够在各种环境中生长繁殖。

2. 流行情况

发病时间一般在每年的 4—8 月，秋冬季节也偶有发生，发病时水温一般在 17～30 ℃。此外，类志贺邻单胞菌也会和维氏气单胞菌混合感染。

3. 临床诊断

患病的黄颡鱼主要症状为摄食减少，观察体表发现体表有溃烂、鳍条腐烂、头尾部溃烂，解剖发现肝脏呈黄色、腹腔有腹水（彩图 9）。

4. 防控措施

（1）预防 放苗前要做好池塘管理工作。要做到彻底清塘，消除底部存在的病原体，保持水体洁净。捕捞、运输、放养时，应尽量避免鱼体受伤。

（2）治疗 根据药敏试验结果内服抗生素治疗，使用抗生素后应及时投喂益生菌以恢复肠道菌群。

四、黄颡鱼水霉病防治

1. 病原

在宿主体内，丝囊霉菌（*Aphanomyces invadans*）形成无隔膜的菌丝结构、初级游动孢子和次级游动孢子。孢子囊顶端的圆形初级游动孢子可转化为侧生双鞭毛的肾形次级游动孢子。游动孢子在条件不适时会变成囊孢；待条件适宜后，囊孢又萌发出新菌丝，并释放三级游动孢子。

2. 流行情况

丝囊霉菌病发病水温一般为 15～26 ℃，以水平传播的方式传染，病原丝囊霉菌的游动孢子可以水为媒介，从一尾鱼体传染到另一尾鱼体上。一旦黏附到鱼的表皮，在适宜的条件下，游动孢子就会发育，其菌丝侵入到鱼的皮肤、肌肉和内部器官中。如果未遇到易感鱼或条件不适宜，游动孢子会在水体中以囊孢的形式保存下来，等待时机激活成孢子继续感染鱼体。该病多发于冬末春初，尤其是在低温、大雨及鱼体损伤后易暴发，治疗不及时死亡率可达 100％。

3. 临床诊断

发病鱼都有在水中上浮、停滞的症状，于水体中观察，丝囊霉菌感染可见感染部位寄生外菌丝。发病鱼体表具不同程度的坏死和溃疡灶，有的红斑呈火烧样焦黑疤痕，有的红斑呈中间红色四周白色的溃疡灶。

4. 防控措施

（1）预防　在放养前用漂白粉加生石灰清塘消毒，入冬前做好杀虫、灭菌的操作。低水温时谨慎拉网，避免不必要的刮伤。控制养殖密度，科学合理投喂，视情况改良底质，定期添加益生菌、植物提取物等，增强鱼体抗病能力。

（2）治疗　当发生该病时，应及时清除重度症状病鱼，可混合使用硫醚沙星和碘制剂对水体进行消毒。同时，要进行细菌性病原的分离和药敏试验，及时用抗生素、植物提取物、维生素 C 等投喂，增强鱼的抵抗力，降低继发性细菌性感染的概率。

五、黄颡鱼杯状病毒病防治

1. 病原

杯状病毒科（Caliciviridae）是 2019 年公布的感染病学名词，无囊膜，核壳体为正二十面体，直径 30～38 nm。核衣壳上整齐地排列着 32 个暗色中空的杯状结构，衣壳仅由 1 种结构蛋白组成，核壳体内含正链单链不分节 RNA。黄颡鱼杯状病毒为球形病毒颗粒无囊膜，直径约 35 nm（Liu 等，2022）。

2. 流行情况

临床症状主要表现为患病黄颡鱼头部、口腔、鳃盖及下颌基部出血；解剖发现病鱼脾脏充血，肾脏肿大，弥散性坏死。该病传播迅猛，发病率 40%～60%，死亡率高达 70%～80%，病程一般为 3～5 天，发病水温 20～24 ℃，抗生素药物治疗无效。

3. 临床诊断

发病黄颡鱼在塘边独游或出现竖直停滞在水中的情况，头部、口腔、鳃盖及下颌基部出血；脾脏充血，肾脏肿大（彩图 10）。

4. 防控措施

（1）预防　冬季干塘彻底清淤，并用生石灰或漂白粉彻底消毒，以改善水体环境。加强卫生管理，病鱼死鱼应无害化处理；流行季节，可全池泼洒生石灰；鱼种下塘前用高锰酸钾进行鱼体消毒。定期添加益生菌、抗病毒中草药等，增强鱼体抗病能力。

（2）治疗　外用含碘消毒剂如聚维酮碘等全池泼洒杀灭病毒病原；内服天然植物抗病毒复方制剂。

第五章

黄颡鱼绿色高效养殖实例

养殖模式指在某一特定条件下，使养殖生产达到一定产量而采用的经济与技术相结合的规范化养殖方式。更明确地说，对于水产养殖而言，养殖模式是根据现有的经济基础、养殖条件等养殖基本资料、养殖技术水平、市场流通能力和消费需求而制定的养殖计划。从养殖从业者的角度来说，其可以或部分可以自主掌控的条件包括经济投入、池塘条件、水源、饲料选择、技术提升、鱼种放养、套养、轮捕轮放、养殖周期等。

设计养殖模式，就是在充分考虑地域与气候、设施设备、目标市场等限制条件的前提下，合理制定产量目标，针对目标提出主养、套养品种投放及主要投入品使用计划，并开展经济效益、技术可行性及风险分析。因地制宜、安全健康的模式设计，是实现养殖盈利的基本保障；盲目跟从、急功近利的模式设计，易对生产经营造成沉重打击。与具体技术措施相比，模式不当对养殖生产形成的负面影响，往往更为严重、持久，并缺少改善或弥补的机会。

尤其要指出的是，我国现阶段普遍以追求产量的养殖模式为主，不论是池塘养殖还是设施化养殖，养殖从业者与消费者之间存在着巨大的信息鸿沟。随着人民生活水平的提高，消费者希望购买到品质好、口味佳、营养丰富的水产品，食用后对人体健康有利；而养殖从业者一方面受大养殖行业的影响，另一方面受到饲料企业、渔药动保企业、水产品流通商的影响，因为这三方的利润在很大程度上是与养殖产量成正比，使得养殖从业者无限追求养殖产量，进而在一定程度上牺牲了品质和养殖水环境，同时也带来了极大风险。在这种大环境下，我国现阶段众多水产品存在产量过剩局面，导致几乎所有养殖从业者单位产量利润被压缩，形成恶化的行业环境。因此，在此大环境下，代表未来产业发展的绿色高效养殖模式便无从谈起，这也是本书"黄颡鱼健康养殖技术"中健康养殖理念的意义所在。在今后相当长的一段时间中，水产行业会逐步调整以追求产量、牺牲品质的养殖局面，进而转向以低产量、高品质为主流的养殖格局，从而实现全行业的健康可持续发展。

本章从主养品种、套养品种、产出计划、效益分析、风险评估5个方面阐述了养殖模式的设计要点，总结了华中、华东、华南3个黄颡鱼主产区的主要养殖模式，并对各产区适宜的分级培育模式展开介绍与分析。

第一节　养殖模式设计要点

一、主养品种投放

(一) 投放密度

调整主养品种投放密度，是生产者为实现产量预期与规格预期采取的重要措施，是养殖模式设计的关键问题。一定范围内，饲料供应充足、优质、稳定，水质良好，管理得当的理想情况下，密度越大产量越高；相同饲养条件与养殖周期下，密度越小规格越大。实践中，投放密度的首要限制因素是水质，即池塘生态系统与人工措施，对饲养对象排泄、排遗物质的净化能力以及溶解氧供应能力。池塘精养黄颡鱼设计饲养密度的主要依据有3点：

(1) 产量预期　详见"主养品种饲养密度设计的计算法"。

(2) 池塘条件　通常，深度＞2米的池塘，放养密度可大于较浅的池塘；通常，面积≤20亩的池塘，放养密度可以比＞30亩的池塘大；通常，底淤较少的池塘，放养密度可大于淤泥厚的池塘。

(3) 增氧配置　通常，增氧机配置水平高的池塘，放养密度可相对较高。例如，叶轮式增氧机配置 0.6 千瓦/亩的池塘，黄颡鱼安全存塘量约 800 千克/亩；若放养密度 12 000 尾/亩，存活率以 90％计，则均规格约 74 克/尾时池塘表现出溶解氧限制，此规格群体的可售出比例与价格相对受限；增氧机配置 0.75 千瓦/亩时，安全存塘约 1 000 千克/亩，若放养密度 12 000 尾/亩，存活率以 90％计，则池塘溶解氧限制表现在均规格约 93 克/尾时，更有利于售出，且价格具优势。

主养品种饲养密度设计的计算法如下：

$$\rho = P \times K / [(W_2 - W_1) \times S]$$

式中：ρ 表示放养密度（尾/亩）；P 表示净产预期（千克/亩）；K 表示单品种质量占比（％）；S 表示单品种存活率（％）；W_1 表示苗种投放规格（千克/尾）；W_2 表示售出规格预期（千克/尾）。

例如，黄颡鱼净产预期 1 100 千克/亩，规格预期"均二两*六"（130 克/尾），投放规格 15 克/尾，存活率以 90％计，则放养密度为 10 628 尾/亩。

目前，黄颡鱼精养池塘放养密度范围为 8 000～20 000 尾/亩；整池售出不分筛且市场规格要求较大的产区，主要采用 8 000～12 000 尾/亩的放养密度；习惯于捕大留小且市场接受规格多样的产区，主要采用 10 000～15 000 尾/亩的放养密度；放养密度为 16 000～20 000 尾/亩相对适用于主要生产小规格食用鱼（均规格≤75 克/尾）的产区；广东特殊，传统密度≥40 000 尾/亩，近年呈降低趋势，≤30 000 尾/亩的模式多见，约 18 000 尾/亩的尝试已起步。

（二）投放时机

主养品种苗种投放标志着养殖周期开始，其时机的合理性关系到生产计划能否顺利执行，并一定程度上决定了当年的池塘利用效率。传统观念认为，提早放苗是争取高产的积极措施，其技术优势

---

* 两为非法定计量单位。1 两＝50 克。

在于低温季节低损伤、低损耗，延长生长周期。对于黄颡鱼精养，则并不尽然，主要原因在于黄颡鱼的生物学特点、饲养周期、伤病规律，皆与传统大宗品种差异明显。选择投放时机，应考虑以下3方面问题：

1. 气候对捕捞、运输、下塘操作安全性的影响

越冬鱼种：与"四大家鱼"不同，黄颡鱼无鳞，低温投种易形成不可逆损伤，于春季升温阶段表现出大规模死亡；又因底栖习性，低温时死亡的黄颡鱼上浮缓慢或因附着泥土、底栖动物而不上浮，表现为池面少有死鱼，实际损失严重，致使存塘情况无法评估。因此，黄颡鱼越冬鱼种建议于水温稳定≥18 ℃后运输、投放，长江流域大致在4月。

当年苗种：对于控温条件较好的繁殖场，黄颡鱼的人工繁殖在4—9月均可开展，但对饲养端而言，盛夏下塘风险较高。建议表层水温≥33 ℃时，不投放黄颡鱼"水花"（混合营养期仔鱼），而"寸片"（全长≥3厘米的规格苗种）通常不受此限制。

广东早苗：长江流域，期望当年完成全周期养殖，充分利用生产旺季，并大幅降低苗种成本的饲养者，通常较关注广东早苗。事实上，广东早期"水花"产出时，长江流域温度波动剧烈，早晚温差极大，常有倒春寒，存活率难以保证，即使推迟1个月投放早"寸片"，仍可能存在存活率问题。待华中、华东气候适于小规格苗种投放时，本土苗种生产已开始，因此，长江流域对广东早苗的引入，目前认为存在一定障碍，并不具备优势，反而会因为苗种损失，耽误生产节奏，消磨养殖信心。

反季苗种：黄颡鱼"秋苗"，对规模化厂家翌年的多批次销售，降低现金流压力具有一定积极意义，此外，经验上"秋苗"当年存活率较理想。但投放"秋苗"的时机应尽早，尽量使苗种以≥2.5克/尾的规格越冬，否则越冬成活率问题突出。选择秋苗时，尤其要关注质量，检查病虫害，并杜绝夏苗多道筛下"尾苗"的混入。

2. 相同规格苗种不同时机投放的模式配套

对于越冬鱼种，原则上是在气候允许的情况下及时投放，往往

时机较统一，投放策略的差异主要体现在苗种规格上。对于当年苗种，投放时机差异可较大，对养殖模式影响显著。

例如，华中地区，6月投放均规格1 200～1 600尾/千克的"寸片"，建议集中培育至7月底，形成的均规格≥5克/尾的鱼种，以≤13 000尾/亩的密度分池"定塘"，可于年底形成均75～90克/尾的小规格食用鱼，当年售罄，冬季干池；7—8月的1 200～1 600尾/千克苗种，建议集中培育至9月，形成≥5克/尾的鱼种，以≤15 000尾/亩的密度分池"定塘"，以30～40尾/千克的规格越冬，于翌年6—8月分批形成120～150克/尾的大规格食用鱼，售后投放新苗种；9月的1 200～1 600尾/千克苗种，建议以约50 000尾/亩的密度集中培育并越冬，形成60～80尾/千克的越冬鱼种，翌年春季再以约10 000尾/亩的密度分池"定塘"，于翌年9月至冬季分批售出120～160克/尾的大规格食用鱼，干池越冬。

3. "捕大补小"的季节限制

轮捕轮放是指分期捕鱼和适当补放鱼种的技术。受小体型与底栖习性的影响，黄颡鱼捕捞成本较高、人工消耗较大，结合市场个性，部分产区对黄颡鱼采用一次性整池起捕的销售方案。

对于"过筛"售出捕大留小的产区，理论上，"去大补小"以提高池塘利用率是可行的。实践中，黄颡鱼的"去大补小"通常出现在夏季不便干池，食用鱼池仍有一定存塘量，但苗种池负荷已近上限，不得不分的情况下。值得注意的是，华中地区8月及以前，"补小"可行，若至9月或以后建议不轻易"补小"，宜重复拉网，尽可能降低食用鱼池存塘。原因在于，降温季节，当年鱼种仍保持旺盛的摄食，但已历一冬一夏的1龄黄颡鱼，摄食活力显著下降，混入同一池中，当年鱼群体会对1龄鱼群体产生严重"社会性干扰"，抑制"老鱼"摄食。

（三）投放规格

从净产提高、苗种成本降低角度考虑，传统观念支持当年鱼种规格应偏大、越冬鱼种规格应偏小的规格选择原则；从市场价格、规格要求、池塘综合利用率的角度考虑，黄颡鱼越冬鱼种规格也应偏大。实践中，黄颡鱼苗种放养规格的选择依据，主要是产品规格预期、池塘利用效率 2 项。

1. 产品预期规格

长江流域，放养密度 10 000～15 000 尾/亩，管理得当的情况下：预期于 6 月开始以 120～150 克/尾的规格轮捕售出，8 月售罄，或于当年一次性以＞150 克/尾的规格售罄，则应于春季投放30～40 尾/千克的越冬鱼种；预期于 6～7 月以均约 100 克/尾的规格售罄，或于 9 月开始以 120～160 克/尾的规格轮捕售出，当年售罄，则应于春季投放 60～80 尾/千克的越冬鱼种；预期于 9 月以90～100 克/尾的规格开始轮捕售出，逐步提升售出规格，当年冬季售罄时的规格＞120 克/尾，则应于春季投放 100～200 尾/千克的越冬鱼种；预期于 5 月开始以 90～100 克/尾的规格售出，则通常为上年度以 40～60 克/尾规格越冬的鱼种；预期于 4 月及以前售出，则通常为越冬食用鱼，是饲养者在对越冬"掉膘"的控制有一定信心的前提下，为追求价格而采用的销售方案。

珠江流域，黄颡鱼投放密度差异较大，但鱼种投放规格较统一，通常是当年 600～800 尾/千克的"寸片"。

2. 池塘利用效率

对于养成阶段的"定塘"，若投放规格过小，将降低池塘利用效率，增加单位产量的固定开支分摊成本。

以均 1 克/尾规格苗种为例，养成"定塘"密度以 13 000 尾/亩计，则初始质量密度为 13 千克/亩，该阶段投喂强度约 7%/天，则投喂量为 0.91 千克/(天·亩)，存塘增长量仅约 1.1 千克/(天·亩)。同时，日常管理及外用防控病害投入品，部分水环境处理成本，须按启用池塘的面积支出。

若"寸片"先经集中培育，形成约 6 克/尾的苗种，再以 13 000尾/亩的密度"定塘"，该阶段投喂强度约 5%/天，则初始单位面积投喂量为 3.90 千克/(天·亩)，存塘增长量则为 3.8～4.0 千克/(天·亩)。

池塘数量较多的规模化养殖场，更有条件体现投放规格选择的经济意义，应通过采用分级培育（详见本章第五节）、投放规格多元化等措施，提升池塘利用效率，并实现全年稳定售出，加快资金流转，降低养殖风险。

二、套养品种投放

（一）可选品种

根据栖息习性、食性等生物学特点，充分运用互利关系、限制矛盾关系，从深入挖掘池塘生产潜力的角度看来，鲢、鳙、草鱼、青鱼、鲌、鳜、加州鲈、南美白对虾、罗氏沼虾和马口鱼等多个品种皆为黄颡鱼精养池塘的套养选择，各具意义。

（二）套养意义

作为名特鱼类养成池塘常见混养措施之一，套养技术的普遍意义在于：通过充分利用饵料、综合利用水体、发挥种间互利作用，提高经济效益、社会效益。对于黄颡鱼精养池塘，常通过套养技术实现以下 3 个目的：

1. 环境调控，针对养殖水域生态，常见以下 4 种方式

（1）套养滤食性鱼，控制浮游植物、浮游动物生物量，利用池塘生态系统的物质流动，将水体中大量铵态氮、硝态氮等转化成滤食性鱼体蛋白质，具有重要的改善池塘水环境功能，是我国别具特色的养殖方式；

（2）套养小型或温和肉食性鱼，降低水生昆虫、底栖动物生物量；

（3）套养凶猛肉食性鱼，清除野杂鱼；

（4）套养植食性鱼，抑制水生及水陆两栖植物生长。

2. 病害防控，通常为间接作用，常见以下 4 个途径

（1）避免低溶解氧、高氨氮、亚硝酸盐等慢性胁迫，对养殖动物免疫力产生负面影响；

（2）控制绦虫中间寄主（桡足亚纲）生物量；

（3）避免形成小瓜虫等纤毛纲原虫易传播的环境，如高透明度或水草茂盛；

（4）控制传播者（如枝角亚目）生物量，降低底栖尸骸传播风险。

3. 直接效益，与价格及饵料来源相关，常见以下 2 种情况

（1）不或少摄食饲料，产出几乎不依赖可变成本投入；

（2）摄食人工饲料，单位价格＞单位可变成本。

另一方面，套养方案可能引发 3 种负面效应：消耗饲料，常见于植、杂食性鱼的套养；降低存活，常见于凶猛肉食性鱼的套养；管理困难，与套养品种生物学特性相关，如捕捞障碍、分拣耗工、用药禁忌。

各套养品种在黄颡鱼精养池中的作用及必要性见表 5-1。黄颡鱼池塘可套养品种多样，但就必要性而言，仅鲢、鳙是绝对必要的套养品种；对于易生水草或螺蛳的池塘，如虾蟹池改造鱼池、老淤底质池，草鱼、青鱼具必要性；鲌、鳜、虾等，相对于上述品种必要性不强，且易产生"双刃剑"效应。

表 5-1 黄颡鱼精养池中常见套养品种的作用

品种	作用分类		效果预期	必要性
鲢	☑环境调控 ☑直接效益 □降低存活	□病害防控 □消耗饲料 □管理困难	滤食浮游植物；控制蓝藻水华；降低有害态氮；形成直接效益	☑必要 □非必要 □特定条件必要
鳙	☑环境调控 ☑直接效益 □降低存活	☑病害防控 ☑消耗饲料 □管理困难	滤食浮游动物；降低生物耗氧；减少中间寄主；形成直接效益	☑必要 □非必要 □特定条件必要
草鱼	☑环境调控 □直接效益 □降低存活	☑病害防控 ☑消耗饲料 □管理困难	摄食水生植物；促进浮游植物；防控寄生虫病；降低饲料效率	□必要 □非必要 ☑特定条件必要

（续）

品种	作用分类		效果预期	必要性
青鱼	☑环境调控 ☑直接效益 ☐降低存活	☐病害防控 ☑消耗饲料 ☐管理困难	摄食软体动物；降低生物耗氧；形成直接效益；摄食人工饲料	☐必要 ☐非必要 ☑特定条件必要
翘嘴鲌	☐环境调控 ☑直接效益 ☐降低存活	☐病害防控 ☑消耗饲料 ☑管理困难	摄食人工饲料；控制水生动物；提高单位产量；增加捕捞难度；	☐必要 ☑非必要 ☐特定条件必要
翘嘴鳜	☑环境调控 ☑直接效益 ☑降低存活	☐病害防控 ☐消耗饲料 ☑管理困难	清除下层野杂；形成直接效益；导致用药禁忌；可食主养品种	☐必要 ☑非必要 ☐特定条件必要
加州鲈	☑环境调控 ☑直接效益 ☐降低存活	☐病害防控 ☑消耗饲料 ☑管理困难	控制杂鱼数量；控制水生动物；形成直接效益；摄食人工饲料	☐必要 ☑非必要 ☐特定条件必要
马口鱼	☑环境调控 ☑直接效益 ☐降低存活	☐病害防控 ☐消耗饲料 ☑管理困难	捕食水生动物；降低生物耗氧；形成直接效益；增加分拣工耗	☐必要 ☑非必要 ☐特定条件必要
南美白对虾	☑环境调控 ☑直接效益 ☐降低存活	☑病害防控 ☐消耗饲料 ☑管理困难	控制浮游动物；直接形成效益；导致用药禁忌；增加捕捞难度	☐必要 ☑非必要 ☐特定条件必要
罗氏沼虾	☑环境调控 ☑直接效益 ☐降低存活	☑病害防控 ☐消耗饲料 ☑管理困难	控制浮游动物；直接形成效益；导致用药禁忌；增加捕捞难度	☐必要 ☑非必要 ☐特定条件必要
各类苗种（不含鳜）	☑环境调控 ☑直接效益 ☐降低存活	☐病害防控 ☐消耗饲料 ☑管理困难	控制浮游动物；降低生物耗氧；形成直接效益；增加分拣工耗	☐必要 ☑非必要 ☐特定条件必要

注："特定条件必要"指水草、浮游动物或底栖动物大量滋生等特殊池塘环境条件下必要。

（三）套养密度

影响黄颡鱼精养池塘中套养品种投放密度的因素主要有以下3个：

1. 投放规格

与存活率、生态意义的体现有关。为实现控制藻类生物量，抑制蓝藻水华的作用，黄颡鱼精养池塘投放鲢越冬鱼种（50～250克/尾）时，密度通常为80～120尾/亩；投放鲢小规格苗种（0.5～2.5克/尾）时，密度通常为300～500尾/亩。

规格500～750克/尾的草鱼、青鱼，可投放3～4尾/亩，用于控制池塘水草及螺蛳；均规格≥1千克/尾时，可套入1.5～2.5尾/亩；规格＜500克/尾，几乎不发挥环境控制作用，建议不予套养。

2. 池塘条件

主要考虑各水生动植物的生物量。长期用于养鱼的池塘，较少萌发水草，草鱼可不套养；而原虾蟹池改造的池塘，留有较多草籽，建议套入750～1 000克/尾的草鱼2～3尾/亩。

新开掘的池塘，池底有机质少，宜套养鲢越冬鱼种50～80尾/亩，鳙越冬鱼种15～20尾/亩；而常年未清淤的老鱼池，底质肥沃，宜套养鲢越冬鱼种100～120尾/亩，鳙20～40尾/亩。

套养鳜苗种，当年规格可达750克/尾及以上，翌年可达2.5～3千克/尾，解剖可见其胃内含物中有主养品种。因此，灌注用水的野杂鱼卵、苗祛除困难，经验上野杂鱼较多的池塘，可套入鳜4～5厘米苗种2～4尾/亩；较少野杂鱼的池塘，不宜套养鳜。一旦套入鳜，池塘应杜绝有机磷农药的使用。

3. 经济价值

重点考虑摄食人工饲料的套养品种。套养草鱼在完成控草职能后，会摄食饲料，并对黄颡鱼摄食产生轻度干扰，草鱼价格显著低于其摄食黄颡鱼饲料的生长成本。因此，在确保能实现控草目的的情况下，应尽量降低套养数量。

青鱼在执行抑制螺蛳、蚌蚬扩张的同时，会摄食饲料，春季投放的约 1 千克/尾规格的青鱼,套养至当年年底,可生长至 3～3.5 千克/尾,价格可达 18～20 元/千克,有利润空间。因此,在确保对主养品种摄食干扰不剧烈的情况下,不必过度强调密度控制。

翘嘴鲌与黄颡鱼混养、套养,大致始于 2004—2005 年,是综合利用水层、实现增产增收的技术措施。已有报道中,鲌的套养密度 100～600 尾/亩不等,存活率≥80%,售出规格 400～800 克/尾,可形成单种套养产量≥总产量的 20%。该模式中,鲌的生长依赖饲料供给,考虑到当前鲌的价格特点,可不套养或采用 100～200 尾/亩的低密度套养。

传统的鲢/鳙套养尾数比为(3～5):1,这与两者食物组成有关。当代黄颡鱼精养池的营养投入强度高,腐质食物链形成次级生产力的作用强大,甚至强于牧食食物链,浮游动物量大于传统池塘,"一鲢夺三鳙"的规律不再体现,而鳙的价格通常为鲢的 2.5 倍及以上。因此,精养黄颡鱼池塘的鲢/鳙比可为 1:1,有些池塘甚至可实现鳙多鲢少。一些池塘,饲养对象存塘密度并未过大,却常见缺氧、氨氮及亚硝酸盐水平高的现象,通常与浮游生物的呼吸作用有关,即与鲢/鳙套养比例有关。黄颡鱼精养池塘套养品种投放密度及当年产出情况见表 5-2。

表 5-2 黄颡鱼池塘常见套养品种投放设计

品种	投放规格(克/尾)	投放密度(尾/亩)	成活率(%)	当年规格(克/尾)	当年产量(千克/亩)	适用环境
鲢	50～250	50～120	90	1 000～2 000	100～150	全适用
鳙	50～250	15～50	90	1 500～2 500	40～80	全适用
草鱼	750～1 000	1.5～3	90	2 500～3 500	15	多草池塘
青鱼	750～1 000	1.5～3	90	2 500～3 500	15	多螺池塘
鲌	10～25	100～200	85	400～800	50～100	表层鱼少
鳜	6～12	2～4	50	500～1 000	2～4	野杂鱼多
鲈	2.5～5	10～20	60	250～500	5～10	野杂鱼多
马口鱼	800～1 600	1 000～2 000	70	25～50	30～40	全适用
虾	0.01～0.1	3 000～8 000	40	15～20	35～50	无杀虫剂

三、产出计划

(一)饲养周期

饲养周期是为达成设计产量而开展养殖投入的历时,受到投苗方案、投喂策略、产量预期、生产环境等因素的综合影响,也是模式设计合理性的检验过程。通常,较短的生产周期有利于资金周转、降低养殖风险,是生产者普遍期望的。但是,为缩短周期而执行过高的投喂强度,反而会增加养殖风险。因此,周期应结合生长速度、健康状态两方面因素综合把握。

饲养周期可估算,假设存活率100%,推算公式如下:

$$TW_2/TW_1 = (1+FR/FCR)^{(\delta t \times K)}$$

$$\delta t = [\log_{(1+FR/FCR)}(TW_2/TW_1)]/K$$

式中:δt 表示饲养周期(天);K 表示有效投喂时间比(%);TW_2 表示预期产量(千克);TW_1 表示初始存塘量(千克);FR 表示日投喂率(%/天);FCR 表示饵料系数。

例如,某黄颡鱼池苗种投放1 500千克(TW_1),预计存塘(产量)达6 600千克(TW_2)时出售,其间,平均投喂强度为2.6%/天(FR,计为小数形式0.026),饵料系数以1.4计(FCR),根据季节、地点估计,饲养过程中可正常投喂的天数为总天数的85%(K,计为小数形式0.85),则饲养周期为:$[\log_{1.0186}(4.4)]/0.85 = 94.6$天,计为95天。若池塘面积8亩,则上述计算表明,投放大规格苗种187.5千克/亩,饲养3个月,可达825千克/亩的存塘水平,开始本季食用鱼出售。

若引入预估存活率,并分阶段推算周期而后求和,则推算相对复杂:

$$\delta t = \sum_{i=1}^{n}(\delta t_i)$$

$$\delta t_i = \{\log_{(1+FR_i/FCR_i)}(M_{Fi}/M_{Ii}) \times [(1+SR_i)/2]\}/K_i$$

式中:δt 表示完整饲养周期(天);δt_i 表示阶段饲养周期

（天）；M_{Fi} 表示阶段终规格（克/尾）；M_{Ii} 表示阶段初规格（克/尾）；FR_i 表示阶段日投喂率（%/天）；FCR_i 表示阶段饵料系数；SR_i 表示阶段存活率（%）；K_i 表示阶段有效投喂时间比（%）。

例如，华中地区某黄颡鱼池：投放 40 尾/千克（M_{I1}＝25 克/尾）的越冬鱼种 10 000 尾/亩（250 千克/亩）；计划均规格达 10 尾/千克（M_{F2}＝100 克/尾）时"7 寸筛"部分售出；生长至 20 尾/千克阶段（M_{F1}＝50 克/尾）投喂强度为 2.8%/天（FR_1，以小数形式计为 0.028），饵料系数估计 1.4（FCR_1），存活率 90%（SR_1，计为 0.90），死亡的时间分布较均匀，估计有效投喂天数占比 85%（K_1，计为 0.85）；5 尾/千克（$M_{I(x+1)}$＝M_{Fx}）至 10 尾/千克阶段投喂强度为 2.4%/天（FR_2，以小数形式计 0.024），饵料系数 1.5（FCR_2），存活率 94%（SR_2，计为 0.94），死亡的时间分布较均匀，估计有效投喂天数占比 85%（K_2，计为 0.85）。饲养周期为：（$\log_{1.020}1.90＋\log_{1.016}1.94$）/0.85＝（32.41＋41.75）/0.85＝87.25 天，计为 88 天，即估计饲养 3 个月可达预期规格出售。

上式对预估存活率的使用，基于"阶段饲养周期内死亡均匀发生"的假设；若预估死亡主要出现在饲养后期，则推算趋向于假设存活率 100% 的情况；若预估死亡主要集中于投放初期，则式中"真数"趋向于 $[(M_{Fi}/M_{Ii})×SR_i]$；若预估存活率低下，上述方法算得结果的参考价值降低，原因在于式中"底数"未随预估存活率发生改变，即"底数"未对死亡导致的重量损失做减除。投喂操作管理精细度、投喂强度控制严格度、投喂重量调整及时性以及实时存塘估计准确性，与推算结果的参考价值正向相关。

固定池塘条件与设施设备水平下，合理缩短黄颡鱼饲养周期的主要措施有：

（1）分级培育 尽量避免以"寸片"规格"定塘"养至食用鱼，鼓励集中培种，于大规格鱼种阶段分池定塘（详见本章第五节）；

（2）密度控制 投放密度设计必须充分考虑基础建设情况、增氧设备与电力情况，详见本章第一节的"主养品种投放"中的"投放密度"；

（3）积极轮捕　华北、华中、华南地区接受"过筛"出售的轮捕出售方案，市场允许的情况下，可于均规格 12～16 尾/千克时先用"6 寸"至"6.5 寸"筛售出均规格 90～110 克/尾的筛上群体，存塘继续饲养至均规格≥130 克/尾出售；

（4）逐日估料　遵守"安全投喂技术体系"的前提下（详见第四章），结合天气、水质、健康状况、摄食活力评估当日饵料系数，逐日对存塘进行累加式的估重，提高投喂量调整频率，降低单次投喂量调整幅度。

（二）预期规格

规格是流通市场对养殖水产品性状的基本要求，主要受制于地方流通端意愿，一定程度反映着消费端需求，与产区关系密切，对于养殖产量较大的品种，难以随养殖者的意愿改变。华中地区习惯轮捕出售，不同批次鱼不混池，投喂较均匀、稳定的情况下，常用筛号与筛上规格的关系见表 5-3。

关于黄颡鱼规格，还存在一些一般规律：相同筛号，肥满度高的群体，易表现出相对低的筛上均规格；相同筛号，冬季筛上均规格易表现为小于夏季；群体均规格≥50 克/尾，通常肥满度随群体均规格增加而提升；相同规格，1 龄鱼的肥满度一般大于当年鱼。

全国范围内的黄颡鱼销售过程中，普遍存在"炮头"的概念，这一概念模糊而多变，大致指群体中规格最大的 5%～10%。不混合不同批次的情况下，对"炮头"规格做出要求，实质上是在要求提高生长离散程度，扩大同池规格差异，违背养殖管理标准化发展方向，可能导致饵料系数升高，有效存活率降低，可以理解为流通商控制塘口价格的手段。目前，受水产产业链内部关系落后、养殖规模"小、散、弱"及缺乏话语权现状的影响，养殖户普遍缺乏抵制该手段的能力。随着养殖端规模化、现代化建设的推进，养殖端话语权实质性的提升，该问题必然得到有效解决。除此之外，流通环节提出的"炮头"要求，导致生长速度快的个体被提前挑出、销售并被食用，这是我国包括黄颡鱼在内的较多养殖鱼类种质退化的重要原因之一，应当被全行业摒弃。

表 5 - 3　黄颡鱼分级中筛号与筛上规格关系的一般规律

筛号	肥满度（克/厘米³）	一般均规格（克/尾）	一般规格起点（克/尾）	主要规格组成（克/尾）	一般"头鱼"规格（克/尾）
6 寸	1.7～1.9	80～90	45～50	50～130	140～160
	1.9～2.1	70～80	40～45	45～125	
6.5 寸	1.8～2.0	105～120	60～70	70～160	180～210
	2.0～2.2	90～105	50～60	60～150	
7 寸	1.8～2.1	140～160	85～100	100～200	230～270
	2.1～2.4	120～140	70～85	85～185	

　　市场接受的规格范围较宽时，对售出规格的规划应结合现金流、周期、风险、固定开支分摊、饵料系数、饲料价格、食用鱼价格等多重因素分析，尽管大规格鱼的价格一定高于小规格。

　　例如，假设均规格 150 克/尾（7 寸筛上）塘口价 24 元/千克，均规格 90 克/尾（6 寸筛上）塘口价 20 元/千克，前者 FCR＝1.5，后者 FCR＝1.25，饲料价格 9 600 元/吨（2022～2023 年常见价格）。前者饲料成本 14.4 元/千克；后者因提前 3 个月售出而获得培育 1 季越冬鱼种的机会，鱼种以 23.4 元/千克计，FCR＝1.1，形成 500 千克/亩鱼种，则后者 2 季饲料成本加权平均为 11.52 元/千克，售价平均为 21.14 元/千克；则二者售价与饲料成本之差都是 9.6 元/千克，利润大致相同。

　　从现金流转速度、实时存塘压力和风险角度考虑，应倾向于后者；从鱼种销路、生产规划紧凑度压力和环节繁简角度考虑，又宜选择前者；若不同规格食用鱼价差大于上例，则倾向于前者，反之亦然。因此，售出规格设计的合理性有赖于综合评估，不宜单纯以价格为导向。

　　从各产区规格要求习惯来看，华中、华南地区市场接受的规格范围较大，80～160 克/尾皆有渠道；华东、华北、东北市场主要接受均规格 150 克/尾以上的群体；西南市场食用鱼主体则均规格 75 克/尾及以下。

（三）计划产量

计划产量是主养品种苗种投放策略和规格预期的指导参数，是养殖生产的核心绩效指标，受种源质量、营养供给、饲养环境承载力和养殖管理能力的限制。净产量高低的评判，必须结合饲养周期。

养殖户通常无法参与遗传改良或投入品品质控制，不计此 2 项内容，养殖产量的第一限制性因素是池塘溶解氧水平。已有文献表明，1.5 千瓦叶轮式增氧机的效率，可以 2.4 千克/小时计，25～28 ℃下，不同规格黄颡鱼耗氧率 0.16～0.23 毫克/（克·时），可以 0.2 毫克/（克·时）计，参考对鱼类池塘溶解氧收支的研究，800 千克/亩的精养鱼池中，主养品种氧支出可以 20％计，则该条件下的黄颡鱼池塘氧总支出为 800 克/时，无光合作用下，增氧机配置应≥0.5 千瓦/亩。25～28 ℃下，实时存塘最大安全值与叶轮式增氧机的关系见图 5-1。

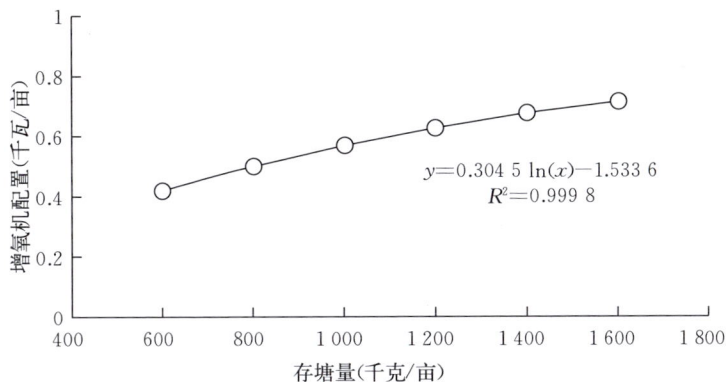

$$y=0.304\,5\ln(x)-1.533\,6$$
$$R^2=0.999\,8$$

图 5-1　一定范围内增氧机配置水平与黄颡鱼存塘量的关系

华中、华东地区推荐净产量 1 200～1 600 千克/（亩·年）；华南、华北地区推荐净产量≥2 500 千克/(亩·年)。上述推荐产量的大幅差异，与沿海/内陆气候差异、纬度差异、光照时长、降雨天数、增氧设备配置水平差异等密切相关。科学、因地制宜地计划产量，是生产健康可持续、单位成本控制降低、发病频率降低及事故风险降低的重要保障。

至此，养殖模式的关键参数及设计依据已阐述完成，满足上述设计要求的情况下，遵循图 5-2 的流程，将得到基本适合实际条件的饲养模式。进一步工作，是对拟应用的模式开展效益分析和风险评估。

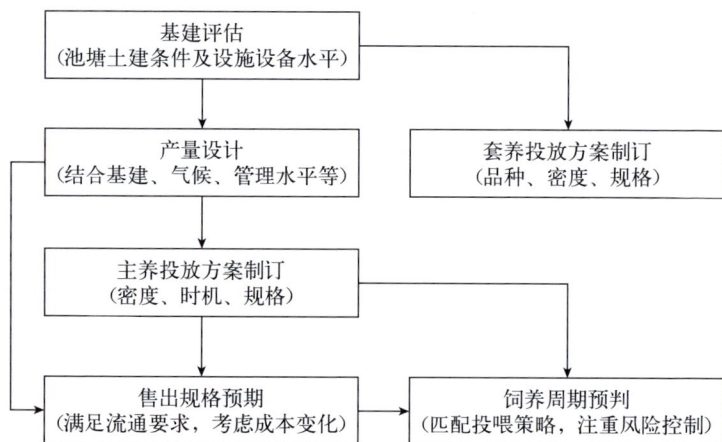

图 5-2　养殖模式设计流程

四、养殖成本结构分析

（一）可变成本

可变成本是鱼类养殖成本中占比最大的部分，分为以下 4 项投入：

（1）饲料成本　为鱼类养殖成本中占比最大的部分。经过 2022 年豆粕价格激增和 2023 年鱼粉价格暴涨，商品黄颡鱼饲料价格已攀升至普遍≥9 400元/吨。2023年12月初，秘鲁鱼粉仍处于18 000~18 300元/吨的价格高位，日本级到厂价为17 500~17 800元/吨。主要蛋白原料处于高价位，不仅会导致饲料价格上涨，还可能会造成原料供应商掺假行为发生，影响饲料品质，饵料系数升高，从而使养殖对象健康程度下降、养殖水环境承受的压力增强，对单位重量饲料成本形成负面影响。饲料价格以9 600元/吨计，以"寸片"为养殖起始规格，饲养至均规格130克/尾，饵料系数以1.4计，视为正常，则单位重量饲料成本13.44元/千克。该部分成本通常占黄颡鱼总养殖成本的70%以上。因此，饲料品质不好的年份或养殖区域，其养殖成功率和收益率低下。

（2）渔药动保成本　"动保"的概念一般包含：粉/散/预混剂（兽药）、固/液消杀（兽药）、终端用饲料添加剂/预混料、肥料、发酵工业副产物，以及用于氧化、絮凝、中和等的化工产品。目前，黄颡鱼养殖过程中渔药动保产品一般支出水平为1 000~1 500元/（亩·年），单位重量动保成本控制在1.2元/千克及以内可视为合理。

（3）苗种成本　该项成本的测算与购进规格、预期售出规格及成活率密切相关，与苗种质量关系尤其密切。目前，黄颡鱼"寸片"价格0.06~0.10元/尾，国审水产新品种杂交黄颡鱼"黄优1号"的"水花"价格多年稳定在100~150元/万尾的水平，越冬鱼种价格主要在22~26元/千克间波动。假设饲养者以"寸片"规格购入，0.08元/尾，集中培育至均规格10克/尾的存活率为85%，分池后饲养至均规格130克/尾出售，阶段存活率90%，则单位重量食用鱼的苗种成本为0.8元/千克。该部分成本占总养殖成本的5%左右，如果苗种质量不佳，会因存活率低下导致单位重量成鱼苗种成本上涨，因病害多发导致动保成本上涨，还会因生长性能限制导致饲料成本上涨。当苗种质量低下至影响存塘估计，则饲养模式设计难以执行，成本难以测算。

（4）用电成本　黄颡鱼饲养的电耗主要来自增氧、排灌和生活管理，最主要为增氧机。华中地区农业用电价格主要集中在0.56~

0.6元/千瓦时，签订二级、三级承包合同的饲养者电价可能升高至0.8元/千瓦时，可以平均0.68元/千瓦时计。计划产量1300千克/（亩·年）的情况下，年度耗电大致可以1450千瓦时计，则单位重量用电成本为0.76元/千克。4项可变成本中，用电较为特殊，一定范围内，较高的该项成本意味着饲养者具备良好设备条件或较强增氧意识，将导致饲料、动保成本降低。因此，对电耗的认识须辩证看待，不宜局限于成本控制。

与"小、散"的传统水产养殖从业者相比，规模化养殖企业在可变成本控制方面具有优势。相同饲养条件下，单位重量的可变成本通常随预期规格增大、投放密度升高、饲养周期延长而增加，随轮捕次数增多、设计产量减少而降低。

（二）固定开支

固定开支是不同生产单元间差异较大的类别，基本组成内容是池塘租金和人工成本，其中人工成本又分为长期工和临时工，临时工主要用于捕捞和厂区环境维护。宣传会务、研发投入等，对于目前多数养殖单元而言占比很小。

池塘租金因生产地点不同而存在很大差异。以承租地面面积核算，江浙一带池塘租金1000～3000元/亩不等；两湖地区主要集中于800～1200元/亩；广东省最高，3000～10000元/亩不等（黄颡鱼池通常不超过5000元/亩，近年来有降低趋势）。受此影响，各产区的设计产量差异巨大，以控制单位产量的池租成本，总体而言处于0.8～1.6元/千克范围内。

人工成本是客观存在的，但传统养殖从业者通常不对该项成本开展评估。长期人工成本的高低受规模化水平、自动化程度以及计划产量的影响显著。值得注意的是，长期人工的效率与塘口数量密切相关，一定范围内，按池数分配人工甚至比按面积分配更具可执行性。核算入单位重量，不同设计模式下的长期人工成本0.2～1.2元/千克不等。

受黄颡鱼底栖习性以及轮捕习惯的影响，临时工成本高于多数鱼类，主要用于支付拉网捕捞，理想状态下，由 8 人组成的拉网队，每次起捕量应≥4 000 千克，则单位重量的捕捞成本可控制在≤0.4 元/千克。

与规模化养殖企业相比，"小、散"的传统养殖从业者在固定开支方面具优势。

相同饲养条件下，单位重量的固定开支通常随设计产量增加、单池面积扩大、设施设备水平提升、养殖阶段与饲养模式单一化以及轮捕次数减少而降低。

（三）固定资产折旧

（1）池塘改造　受土场条件、池塘原貌影响，单位面积改造成本通常在 800～2 500 元/亩，折旧可计为匀速 5～8 年。

（2）设施设备　包括发电机、电缆线、增氧机、投饵机、潜水泵、搅拌机、管理/看护/贮藏类设施等，折旧可计为匀速 3～6 年。

（3）其他资产　如生活设施设备、网具、容器、检化验工具等，可长期使用的生产、生活工具可计入固定资产的，折旧速度差异较大。

池塘条件、设施设备，与养殖模式的设计有密切关系，已在本章第一节中阐述。

固定资产折旧是黄颡鱼池塘养殖成本组成中最小的部分，不同养殖模式下，在 1.5%～3.0%范围内变化。

不同养殖模式，势必呈现差异的成本结构，即各科目在总成本中的占比不同，单位重量成本亦不相同，本章第二、三、四节将分别呈现。

五、风险评估

（一）灾害

对水产养殖打击最沉重的自然灾害是洪涝，其中又以决堤为甚，内涝次之。长江、珠江流域，洪涝多发于 6 月下旬至 7 月中旬，从业者可考虑根据该规律安排越冬鱼种规格，保障存塘最大的阶段不与汛期重合，以降低可能出现的损失。建场选址时务必考虑灾害问题，华中地区可靠参考 2016 年、2020 年受灾情况，选择风险相对低的区域建设。选址时，须考查进排沟渠完善度与通量，还须对周边河流、湖泊历史水位、堤坝高度与质量、养殖区域地势高低等情况认真调查研究。

（二）病害

养殖模式的选择与病害风险存在密切关系，饲养周期越长、上市规格越大、产量追求越高、轮捕频次越低，病害风险便越大，反之亦然。

2019 年及以前，广东省的主流模式为高密度养殖，600～800 尾/千克的苗种投放 40 000 尾/亩及以上。近年来，在病害和饵料系数的双重打击下，逐步接受≤30 000 尾/亩的模式，在控制病害方面表现出了积极作用，但产量降低、饵料系数升高与高昂的固定开支之间的矛盾，在广东尚未得到有效解决。

2020 年起，黄颡鱼春季大规模死亡成为产业发展的重大限制因素。对于接受规格范围较宽的华中地区，有条件通过养殖模式调整，使当年 6 月上旬及以前孵化的苗种，在 11 月用 5.5～6 寸筛出售，降低越冬存塘压力和春季发病风险。黄颡鱼春季大规模死亡根源问题，详见"第四章 黄颡鱼健康养殖技术"。

（三）市场

倾向于出售中小规格鱼（6～6.5 寸筛上）的模式，病害风险相对小，但市场风险较大，主要表现为价格无保障、销路不稳定；而均规格≥130 克/尾的食用鱼，始终受到市场青睐。湖北、江西、安徽、四川、湖南、重庆等地产量占全国黄颡鱼总产量的近 50%，这些省（直辖市）黄颡鱼消费规格一般小于 150 克/尾，但受北方市场影响，当地大规格鱼仍有价格优势。

此外，采用本章第一节"饲养周期"的方法检验饲养周期，得到计划售出时间段。冬季售出比例较高的模式，由于可等、可"困"、可干池及西南市场的开通，市场风险相对小；夏季售出比例较高的模式，受到规格要求、存塘压力、运输限制、囤积困难等问题的胁迫，市场风险相对大，尽管一些年份的最高价出现在夏季。

第二节　华中地区推荐模式

一、形成因素

(一) 市场要求

华中、华南地区市场接受的均规格范围较大，80～160 克/尾皆有渠道；湖北省黄颡鱼产量最大，占据全国 1/4，供应全国多个省；武汉的白沙洲农贸市场为全国最大淡水鱼集散中心之一，黄颡鱼流通量约为 27 000 吨/年。

(二) 气候条件

华中地区主要为亚热带季风性湿润气候；光照充足、热能丰富、降水充沛，雨热同季；冬季寒冷、夏季酷热、春温多变、秋温陡降；各个地方年均温度 15～19 ℃，两湖地区平均降水量 800～1 800 毫米。长江中下游地区日照强度为 42～46 兆焦/米²，比华南地区偏高，但平均温度和累积温度都较华南地区低，极端高温和极端低温出现频率大大超过华南地区。

华中地区生长季为 5—10 月。其中，8 月表层水温可达 38 ℃，不适合成鱼投喂；最适生长季≤150 天/年，实际有效投喂天数通常仅约 120 天/年。而以广东省为代表的华南地区，最适生长季可达 330 天/年，实际有效投喂天数通常可超过 270 天/年。因此，华中地区的黄颡鱼池塘养殖，不应过分参考华南地区模式。

近年来，在华中地区参考广东传统高密高产模式的养殖户普遍亏损，相反，在广东借鉴华中地区模式降低投放密度的尝试越来越多。

二、当年产出模式

（一）投放方案

投放规格：当年6月初及以前孵化，培育形成的1 000～1 600尾/千克小规格苗种，分入苗种培育池形成≥5克/尾的鱼种；

投放密度：混合营养期仔鱼（"水花"）30万尾/亩投入育苗池，小规格鱼种以5万尾/亩分入育种池，大规格鱼种以1.0万～1.2万尾/亩分入食用鱼养成池；

投放时机："水花"6月初及以前投放，7月初及以前完成第一次分池；进入大规格鱼种培育阶段，8月初及以前分入养成池。

（二）售出计划

饲养周期：从"水花"下塘计170～190天，11月15—20日停料；

预期规格：主体6寸筛上，售出均规格约80克/尾；

计划产量：食用鱼饲养阶段存活率约90%，产量约800千克/亩。

（三）成本结构

"寸片"以0.08元/尾估价，全期饵料系数以1.18计，饵料价格以9 600元/吨计，租金以水面1 100元/亩计且全部分摊至本季食用鱼生产，则该季小规格食用鱼单位重量总成本17.26元/千克，成本结构见图5-3。

（四）效益估计

根据往年价格，小规格食用鱼冬季可以19.6元/千克计，则本

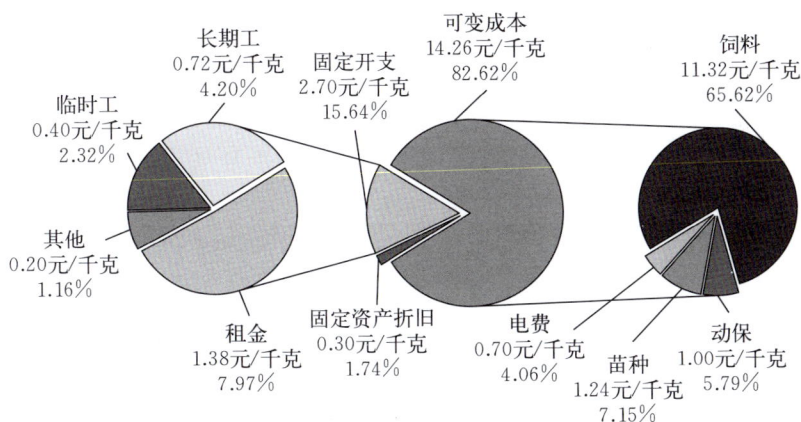

图 5-3　华中地区当年产出模式成本结构

注：标识百分比为每项占总成本比例；总成本分为可变成本、固定开支和固定资产折旧；可变成本由饲料、渔药/动保产品、苗种和电费组成；固定开支由池塘租金、固定职工、临时工人和其他项（宣传广告、会务招待、研发成本等）组成。

季主养品种单位利润 1 850～2 000 元/亩，主养品种成本利润率约 13.56%；若计套养品种产值，则本季养殖单位利润 2 400～2 500 元/亩，总销售额利润率约 15.31%。

（五）风险分析

该模式适用于华中地区当年早期苗种的饲养，周期短、规格小，几乎无灾害风险，病害风险极低，但存在市场风险。若价格低于 18 元/千克，存在亏损的可能。

未能达产是另一项值得关注的风险。应认识到，因饵料系数上升导致的不达产，比因投喂量不足导致的不达产更加危险，这是饲料成本在成本组成里绝对的主导地位所造成的。盈亏平衡分析显示，假设投喂量不变，因饵料系数升高而导致产量降低，则单产与利润的关系可用图 5-4 阐释，产量降至 678.78 千克/亩为盈亏平衡点，对应饵料系数为 1.39。

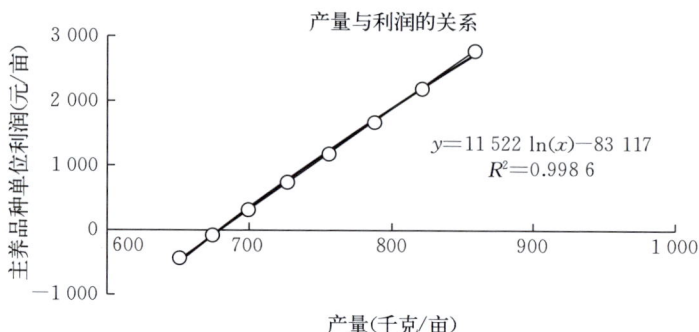

图 5-4　饲料系数升高导致减产时产量与利润的关系（当年养成）

注：图中 y 轴表示主养品种黄颡鱼的养殖利润，x 轴表示单位产量，R 表示相关系数。图中粗线为回归模拟线，细线为数据连接线。

三、单季周年及以上模式

（一）投放方案

投放规格：上年度 8 月形成 1 000～1 600 尾/千克的小规格苗种，越冬后形成 40～60 尾/千克的大规格鱼种，进入食用鱼饲养阶段；

投放密度：混合营养期仔鱼 30 万尾/亩投入育苗池，小规格鱼种以 5 万尾/亩分入育种池，大规格鱼种以 1.2 万～1.3 万尾/亩分入养成池；

投放时机：上年度 8 月入大规格鱼种培育池，越冬后 4 月入养成池。

（二）售出计划

饲养周期：从越冬鱼种分池计，饲养 120～140 天开始捕大留小，再经过约 80 天，全部售出，合计 200～220 天；从"寸片"计，至售罄共历时 15 个月；

预期规格：初次售出为 6.5 寸筛上，后全部 7 寸筛上，前期均规格 120～140 克/尾，后期均规格 140～160 克/尾，全期均规格以 140 克/尾计；

计划产量：食用鱼饲养阶段存活率约 90%，单位面积总产量
1 575 千克/亩，单位面积净产约 1 300 千克/(亩·年)。

(三) 成本结构

"寸片"以 0.08 元/尾估价，全期饵料系数以 1.45 计（养殖周
期长，饵料系数与当年产出模式有明显区别），饲料价格以 9 600
元/吨计，租金以水面 1 100 元/(亩·年) 计，饲养周期 15 个月，
租期计 1.5 年，则该季大规格食用鱼单位重量总成本 19.38 元/千
克，成本结构见图 5-5。

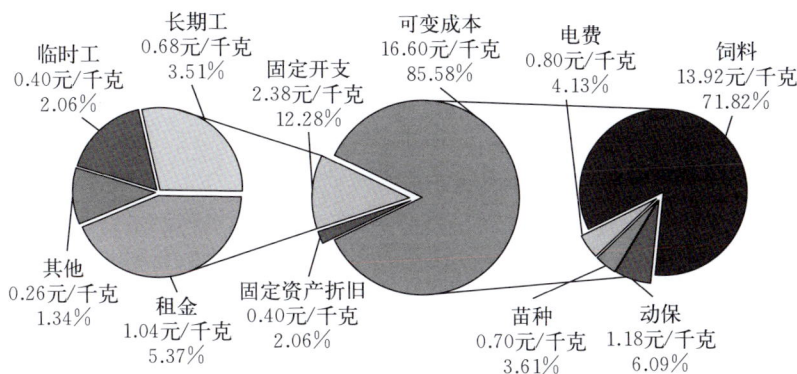

图 5-5　华中地区周年及以上一季模式成本结构

注：标识百分比为每项占总成本比例；总成本分为可变成本、固定开支和固定
资产折旧；可变成本由饲料、渔药/动保产品、苗种和电费组成；固定开支由池塘租
金、固定职工、临时工人和其他项（宣传广告、会务招待、研发成本等）组成。

(四) 效益估计

大规格食用鱼年均价格以 24 元/千克计，则主养品种单位利润
4 500～5 000 元/(亩·年)，主养品种成本利润率约 18.34%。

(五) 风险分析

大规格食用鱼几乎无市场风险，但鱼种越冬后、早春阶段及度

夏阶段病害和死亡风险较高。近年来，春季大规模死亡，夏、秋季拟态弧菌与真菌混合感染，均能对生产形成毁灭性打击。

未能达产是另一项值得关注的风险。应认识到，与上述提及的当年产出模式同理，因饵料系数上升导致的不达产，比因投喂量不足导致的不达产更加危险，这是饲料成本在成本组成里绝对的主导地位所造成的。盈亏平衡分析显示，假设投喂量不变，因饵料系数升高而导致产量降低，则单产与利润的关系可用图 5-6 阐释。

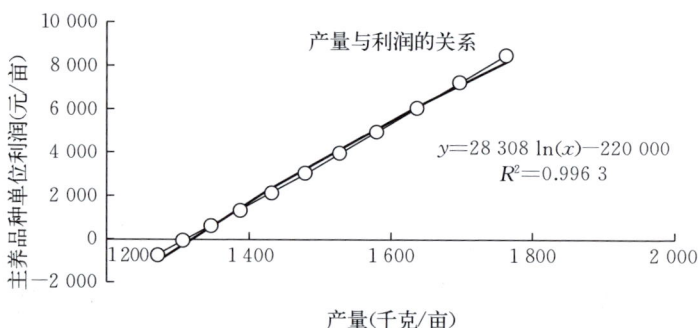

$$y = 28\,308\ln(x) - 220\,000$$
$$R^2 = 0.996\,3$$

图 5-6　饲料系数升高导致减产时产量与利润的关系（周年及以上养成）

注：图中 y 轴表示主养品种黄颡鱼的养殖利润，x 轴表示单位产量，R 表示相关系数。图中粗线为回归模拟线，细线为数据连接线。

第三节　华东地区主流模式

一、形成因素

（一）市场要求

要求中大规格，相当于华中地区的 7 寸筛上，华中地区 6 寸、6.5 寸筛的规格在江浙地区难以销售；江浙一带销售黄颡鱼时不接受轮捕，而是整池统一售出；相对于均规格，华东地区流通商更强调"炮头"，并作为主要定价依据；价格一般高于华中地区。

（二）气候条件

华东地区跨度大，省份多，气候条件多样。针对黄颡鱼的养殖，本节主要讨论作为黄颡鱼主产区的江苏、浙江、上海一带，属亚热带季风气候，全年均温 15～18 ℃，与华中地区气候相仿，盛夏表层水温可达 38 ℃，多年平均降水量 676.5 毫米。

总体而言，华东地区炎热程度不及湖北省，但夏季易受台风波及，年度最适生长季节、有效投喂时间与华中地区相近。

二、模式简析

（一）投放方案

江浙部分传统水产养殖从业者仍保留着饲养黄颡鱼自然种（又称普通黄颡鱼或土黄颡）或全雄种的习惯，以下仅针对杂交黄颡鱼的养殖模式进行阐述分析。

投放规格：40～80 尾/千克的大规格鱼种；

投放密度：食用鱼饲养定塘密度 0.8 万～1.8 万尾/亩；

投放时机：当年 9—10 月或翌年 3—4 月。

（二）售出计划

饲养周期：当年 9—10 月定塘，通常在翌年 9—10 月售出，食用鱼饲养 11～12 个月，从孵化计历时约 16 个月；翌年 3—4 月定塘，通常在 10—11 月售出，售出后空池越冬，食用鱼饲养 7 个月，从孵化计历时 14～18 个月；

预期规格：均规格 130～170 克/尾一次性出售；偏向低密度投放者，追求短周期、大规格；偏向高密度投放者，追求高产量；

计划产量：食用鱼饲养阶段存活率以 90% 计，单位面积总产量 1 300～1 800 千克/亩，单位面积净产 1 100～1 400 千克/（亩·年）。

（三）成本结构

从售出规格角度看来，该模式与华中地区单季周年及以上的模式相近，但因不能轮捕，该模式下控制饵料系数的难度大于华中地区。华东地区习惯上用"包产"描述饵料转化效率，"包"为 20 千克。近年来，"包产"的主流水平为 11～14 千克，故饵料系数以 1.6 计，饵料成本较华中地区高 1.4～1.6 元/千克，其他类别成本接近。

（四）效益估计

江浙一带黄颡鱼塘口价长期保持比华中地区高 1.6～2.0 元/千克，因此，理论上两地区利润率接近。

（五）风险分析

由于塘口价格较高，供应北方市场的流通渠道稳定、完善，华东地区一次性出售模式的市场风险小。但是，受到不能轮捕、投放密度较大、苗种质量不稳定的影响，病害风险较大。近年来，江浙一带病害情况较为严重，产业处于萎缩阶段。江浙一带黄颡鱼饵料行业竞争尤其激烈，整体质量下滑。

此外，江浙是我国黄颡鱼出口韩国的主要地区，出口鱼价格优势明显。应当抓住发展重大机遇，积极寻求出口贸易合作，提升食用鱼品质，有助于国内黄颡鱼产业高质量发展。

第四节　华南地区代表模式

一、形成因素

（一）市场要求

广东是我国第三大黄颡鱼产区，仅次于湖北省和浙江省，食用鱼的流通去向主要为本省、湖北、江苏的流通市场。出售规格与华中地区无显著差异，相同筛号筛上规格小于华中地区。广东流通市场同样接受轮捕出售措施，但养殖户习惯上仍以整池出售为主。因租金高于华中、华东地区，产量追求通常为其他产区的 2 倍及以上，以便分摊固定开支，满足利润期待。

（二）气候条件

广东省属于东亚季风区，从北向南分别为中亚热带、南亚热带和热带气候，全年平均气温 21.8 ℃。全年无彻底停食的月份，仅 12 月、翌年 1 月投喂量和频率显著降低。此外，广东的高温季节频繁"跑暴"，致使最高水温低于湖北。因此，广东的鱼类有效投喂、适宜生长时长为华中地区的 2 倍及以上，有重要的气候优势。

二、模式简析

（一）投放方案

广东得以实现高密度、高产量模式，不仅受益于气候优势，更重要的是先进的增氧设备配置习惯，通常≥1.0 千瓦/亩，即每 1～2 亩安置 1.5 千瓦增氧机 1 台，以及较深的池塘水位、较完善的投入品供应市场、较好的技术交流氛围等。

在广东的传统模式中，苗种投放密度高达 4 万～6 万尾/亩，单批产量可高达 5 000 千克/亩，饲养周期 16～18 个月。近年来，在病害高发、饲料品质普遍降低的胁迫下，投放密度有所降低，对缩短饲养周期的要求更为突出。

投放规格：600～800 尾/千克的小规格鱼种；

投放密度：小规格鱼种直接定塘养成，2.5 万尾/亩；

投放时机：受优势气候条件的影响，广东早期"水花"可于 3 月底至 4 月初获得，历时 1 个月形成 600～800 尾/千克，即 4 月底至 5 月初投苗定塘。

（二）售出计划

饲养周期：5 月初开始食用鱼饲养阶段，翌年春节前后价格理想时首次售出，剩余在 5 月初及以前售罄，合计 12 个月；

预期规格：首次售出均规格约为 100 克/尾，后期 120～160 克/尾，平均值可以 120 克/尾计。本项测算采用"均规格"，目的是便于阐述产量和存活率，实践中，广东的黄颡鱼流通更习惯采用"炮头"标定规格，初次售出时头鱼达 250 克/尾，售罄时达 300 克/尾；

计划产量：食用鱼饲养阶段存活率以 70% 计，单位面积产量约为 2 100 千克/(亩·年)。

（三）成本结构

广东部分传统从业者仍保留着阶段性使用塘鲺饲料投喂黄颡鱼的习惯，"包产"差异很大。对饲料的选择较严格，增氧设备配置较高的养殖单元，全期可获得 ≤1.4 的饵料系数，以 1.35 计，饲料价格可以 9 100 元/吨计，池塘租金以 3 000 元/亩计，则单位重量饲养成本约为 17.82 元/千克。由此可见，广东高密高产模式下，黄颡鱼养殖成本理论上低于华中地区。但是，2019 年以来，实践中因死亡损失过大，顺利达产困难，致使广东黄颡鱼养殖户多数亏损，产业正处于萎缩阶段，亟待从业者结构调整、养殖模式改良以及投入品行业优化，让产业走上可持续发展的道路。广东模式理论上的成本结构见图 5 - 7。

（四）效益估计

广东黄颡鱼不出现严重病害或事故的情况下，养殖成本可实现较湖北低 1.0～2.0 元/千克，因此两产区单位重量利润接近，因其产量较华中地区高而可获得较高的亩产利润。

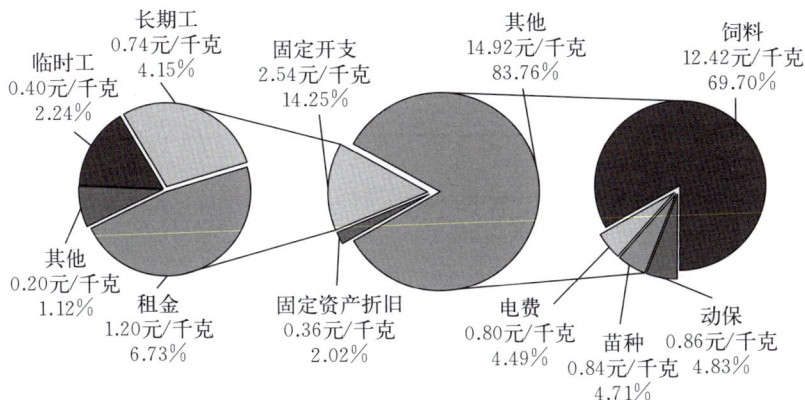

图 5-7 广东高产模式成本结构

注：标识百分比为每项占总成本比例；总成本分为可变成本、固定开支和固定资产折旧；可变成本由饲料、渔药/动保产品、苗种和电费组成；固定开支由池塘租金、固定职工、临时工人和其他项（宣传广告、会务招待、研发成本等）组成。

（五）风险分析

在优势突出的气候条件、设备水平的支撑下，广东在实现高密度生产同时，并未牺牲食用鱼规格，市场风险较小，病害是广东高产模式下最突出的养殖风险。此外，广东地区的高密度饲养，导致兽药使用较其他地区频繁且量大，形成潜在风险。随着全社会对水产品品质要求提升，养殖模式应针对品质进行调整，以适应消费者需求。

第五节　分级培育模式

一、分级培育设计原理

（一）池塘利用效率

华中地区食用鱼饲养密度通常≤15 000 尾/亩。假设以 1 000

尾/千克的"寸片"规格定塘，则苗种投放量为 15 千克/亩，意味着初期投喂量仅 1.5～2.0 千克/亩，池塘利用效率严重低下。若先将"寸片"集中培育至≥5 克/尾，再分入食用鱼池，有利于减少开支、提高单位面积使用效率以及提高池塘周转率。

（二）标准化、专业化生产的先进意义

细分养殖阶段，必然付出微小的捕捞成本，但有利于规模化养殖企业的标准制定、区域化管理及流程化管理，对生产方式的标准化、专业化具有促进作用。此外，细分养殖阶段，发挥每个阶段养殖从业者的能动性，从而使每个养殖阶段更专业化，是水产养殖可控性提升的重要措施。

二、分级方案

（一）育苗

"水花"以 30 万尾/亩的密度放入育苗池，经 35～40 天培育，获得约 1 200 尾/千克的"寸片"，技术流程见图 5-8。

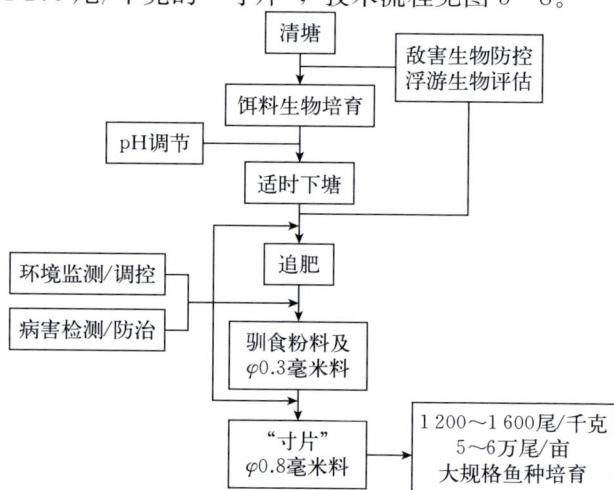

图 5-8 黄颡鱼"寸片"培育工艺流程

（二）育种

"寸片"以 5 万/亩的密度转入第二级培育池，大规格鱼种培育池经 50～60 天培育，形成 100～160 尾/千克的大规格鱼种，再分入第三级养成池。

（三）养成

养成池密度 1.0 万～1.5 万尾，执行轮捕出售，根据鱼种形成时间设定售出规格。当年 8 月上旬及以前形成的大规格鱼种，建议用于当年养成小规格食用鱼；9 月及以后形成的大规格鱼种，建议于翌年 4 月分池定塘，用于生产大规格食用鱼。大规格鱼种及食用鱼生产工艺流程见图 5 - 9。

（四）不同阶段的投喂、生长规律

各阶段黄颡鱼的投喂方案、生长规律见表 5 - 4。

表 5 - 4　不同规格黄颡鱼的适口饲料粒径、理想投喂强度和饵料系数

规格 （尾/千克）	规格 （克/尾）	适口饲料粒径 （毫米）	推荐投喂强度 （%/天）	饵料系数估计	饲养周期估计（天）
2 400～3 600	0.28～0.42	0.3	9～10	0.7	4～5
1 200～2 400	0.42～0.83	0.5 或 0.3	8～9	0.75	7～8
800～1 200	0.83～1.25	0.8 或 0.5	7～8	0.8	6～7
400～800	1.25～2.50	0.8	6～7	0.85	10～12
200～400	2.50～5.00	1.0	5～6	0.9	13～15
120～200	5.00～8.33	1.0	4～5	1.0	14～16
60～120	8.33～16.67	1.5	3～4	1.1	26～28
30～60	16.67～33.33	1.5	2.5～3	1.2	36～40
16～30	33.33～62.50	2.0	2.0～2.5	1.4	46～52
8～16	62.50～125.00	2.0	1.8～2.0	1.6	58～66

```
                      清塘
                       │
                      施肥
                       │
        "寸片"投放          套养种投放
           │                │
           ├────────────────┘
           │                          售出鱼种
           ↓
        形成标准
        规格鱼种
         │   │   │
         ↓   ↓   └──────────┐
      职能改变  干池          供应养成
      留种养成
                │
               清塘
                │
               施肥
   安全投喂策略     │
                主养种投放      套养种投放
   环境监测/调控      │
                   │
   病害检测/防治        │
                初次过筛        售出均规格
                捕大留小        100 克/尾
   取样/分析/统计               数量30%
                   │
                二次过筛        售出均规
                捕大留小   →    格≥100 克/尾
                   │            数量40%
   投入品评价
   生产规划检验   过筛干池   三次过筛      补鱼种
   技术措施反省   尾鱼合并   捕大留小  ←   7~20 克/尾
                                        数量90%
```

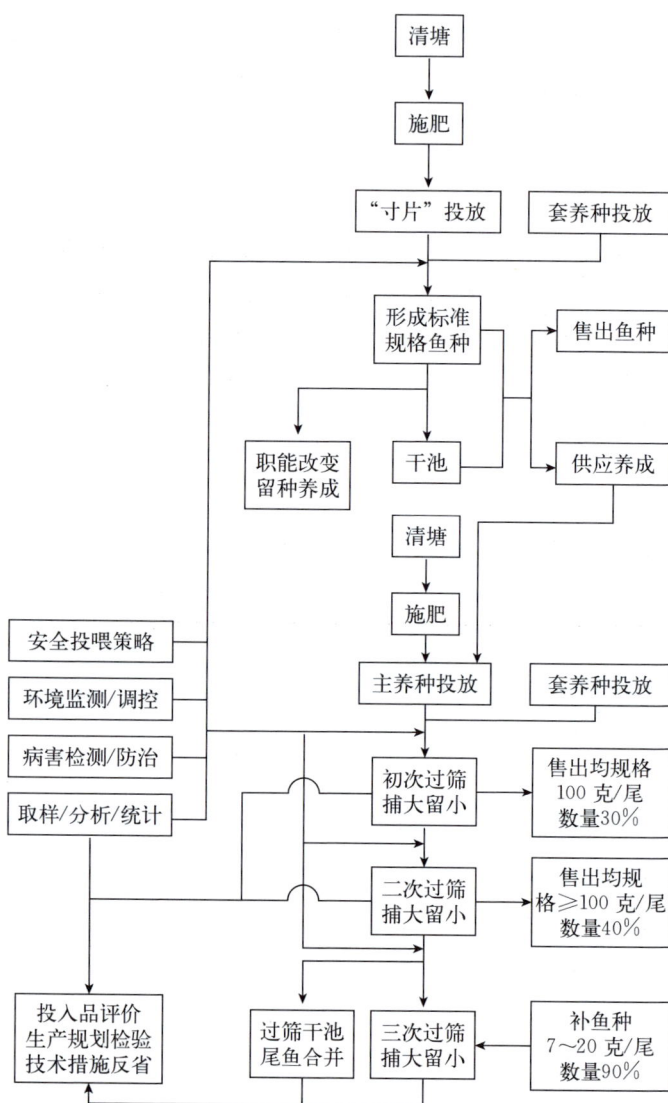

图 5-9 杂交黄颡鱼大规格鱼种及食用鱼生产工艺流程

第六章

黄颡鱼美食与加工

　　黄颡鱼肉质鲜嫩，无肌间刺，全国分布广泛，各地方对其烹饪方法多样。2 000 多年前的《诗经·小雅》中就有关于黄颡鱼的记载，可见其在美食中悠久的历史。从食用角度来讲，有研究表明，养殖黄颡鱼与野生黄颡鱼的营养成分在组成上是一致的，在含量上存在差异较小（杨兴丽等，2004）；在鲜味氨基酸组成占比上，野生黄颡鱼略高于养殖黄颡鱼（梁琍等，2015）。这也是为什么消费者普遍认为养殖黄颡鱼与野生黄颡鱼在口感上差异不明显，这个重要特点也是黄颡鱼为大众消费者所喜爱的重要因素。除了黄颡鱼口感美味鲜香，其药用价值也多次被记录。《本草纲目》中记载，黄颡鱼"煮食消水肿，利小便。"《食物本草》中讲到，黄颡鱼"主益脾胃和五脏，发小儿痘疹。"从药性上看，黄颡鱼性味甘、平，功用在于利小便，消水肿，祛风、醒酒，是我国传统文化中药食同源的典型案例。在湖北，黄颡鱼是各地大小餐馆最常见的水产品食材，甚至有说法，湖北酒店考察厨师的技艺，只需让他烹烧一盘"红烧黄颡鱼"菜式，通过透出的色香味形水准，就能看出该厨师的厨艺，这是因为黄颡鱼无鳞、皮薄、肉嫩，厨艺不佳时很容易做成看相不佳的普通菜品。

　　黄颡鱼养殖与其美食和加工密不可分。水产品消费是较复杂的领域，受品质、价格、其他鱼类市场、季节、经济环境、媒体宣传引导、舆论等多方面因素的影响，尤其受到"育-繁-推"技术体系及养殖端供应的影响。前文我们提到，黄颡鱼全国消费规格差异较大，以西南地区规格最小（50 克左右），华中地区居中（100～150克），华南、华东和华北消费规格偏大（＞150 克）。消费规格对养

125

殖端有重要影响，影响其养殖模式和收益。

现如今，流通行业极为发达，运输技术也较为成熟，除偏远地区外，不同地区市场价格基本保持同步浮动，中间差价一般即为运输成本，而不同地区对于消费规格的要求，产生了不同规格价格差异较大的局面，形成大规格价格高、小规格价格低的常规市场趋势。因此，对于黄颡鱼养殖户来讲，根据不同地区的消费规格和价格，灵活制定养殖模式和出鱼规格，比常规年低出鱼、仅限供应本地市场的售卖模式有更大的利润空间。在此情形下，掌握黄颡鱼流通市场，主动对接外地流通商显得尤为重要。无论如何，商品鱼最终的归属都是消费者。因此，了解消费者喜好，开发新菜品、新产品，建立成熟的消费习惯，对黄颡鱼产业的可持续发展也至关重要。

当前，黄颡鱼消费多集中于家庭消费和常规餐饮，因其形态、规格和无鳞特征，还未大范围进入宴会菜品，这一点与大口黑鲈形成了明显区别。在华中地区，大口黑鲈占据了酒宴中水产菜品80％以上的份额，形成了稳定的消费习惯。此外，黄颡鱼加工，特别是预制菜领域，仍有较大的开发空间，是拉动黄颡鱼产业持续发展的巨大商机。黄颡鱼预制产品的缺失，也从侧面说明了黄颡鱼养殖产量还未达到消费需求水平，仍有提升空间。另外，从国内外消费来看，当前黄颡鱼主要消费是中国和韩国，将黄颡鱼美食推向日本、泰国、印度等周边国家，也是其产业发展的巨大潜力。

本章简要介绍黄颡鱼美食，其产品加工及预制菜发展空间，以期为黄颡鱼全产业链发展提供参考。

第一节　黄颡鱼美食

一、家常红烧黄颡鱼

红烧是黄颡鱼最常见的做法，也是各地餐馆最常见菜品，操作简单，味道鲜美，老少皆宜，是很好的下饭菜。

（一）原料

鲜活黄颡鱼 6～10 条，规格 100～150 克/尾；准备姜、蒜、老抽、醋、料酒、食用油、盐等。

（二）加工工艺

1. 黄颡鱼去内脏、去鳃。去内脏较简单，直接徒手将鳃下方身体与头相连处撕开，用手去除内脏。清洗后沥干水分。
2. 下油后大火煎，下姜片和蒜瓣。
3. 加水，淋料酒、老抽、醋少量，糖少许，小火焖，撒上蒜末，大火收汁后加盐调味即可出锅。

（三）品质风味

红烧黄颡鱼是各地家常菜，制作简单，烧制中可根据个人喜好添加莴苣、红辣椒等蔬菜，调色的同时还可以增加荤素搭配，冬天天冷时在出锅后可以在锅下面用小火加热保持菜品温热。菜品鲜香可口，适合各类人群，老人小孩均可适量食用，营养价值丰富，可以作为家庭常备菜品。

二、粉蒸黄颡鱼

粉蒸系列是湖北仙桃、洪湖、监利等地具有地方特色的菜品，尤其以"沔阳三蒸"较为出名，是以水产类、禽畜类、蔬菜类为主要原料，以粉蒸为主要技法的菜品，素有"不上蒸笼不成席"的说法。有研究表明，"蒸"对黄颡鱼基础营养物质的保留效果较好（于小番等，2020），能最大程度保留鱼肉风味。

（一）原料

鲜活黄颡鱼 6 尾左右，规格 100～150 克/尾；准备食用油、盐、香醋、大米粉/蒸菜粉、麻油、料酒、生姜、葱、胡椒粉等；新鲜莴苣、豇豆若干。

（二）加工工艺

1. 将黄颡鱼去内脏，用剪刀减去背鳍和胸鳍，去除硬刺，洗净沥干后，加料酒、盐、姜末、醋、胡椒粉、葱，拌匀后连同青菜一起腌制 15 分钟左右。

2. 将腌制的黄颡鱼和青菜转入装有大米粉或蒸菜粉的碗中，两面均匀地裹上粉。

3. 将裹好粉的黄颡鱼和青菜放入蒸笼中，大火上蒸汽后，转小火蒸 10 分钟。

（三）品质风味

蒸菜能较大程度保持黄颡鱼原有风味和营养，加上与青菜一起蒸，味道鲜咸不腻，色、香、味俱全，可作为家庭常备菜品。

三、黄颡鱼豆腐汤

黄颡鱼无鳞，表皮胶质丰富，是做汤品的上佳材料。

（一）原料

鲜活黄颡鱼 6 条左右，规格 100～150 克/尾；莴苣片、豆腐若干；准备食用油、姜、蒜、料酒、葱、盐等。

（二）加工工艺

1. 黄颡鱼去内脏，去鳃，清洗后沥干水分。

2. 加姜、蒜、料酒、葱，腌制 15 分钟。

3. 锅内油热后下姜丝，黄颡鱼下锅两面稍煎，等焦香味出来后加料酒。

4. 锅中加清水，下莴苣片、豆腐块，煮开后转小火慢炖 20

分钟。

5. 加盐调味、撒上葱花后即可出锅。

(三)品质风味

黄颡鱼汤制作简单，汤可清可白，汤味鲜美，鱼肉嫩滑，可以暖胃养胃，具有利尿消肿等功效，可作为家庭常备菜品。

四、黄颡鱼火锅

黄颡鱼火锅是四川、重庆等西南地区的特色美食，一般有两种吃法：一种是在制作好的火锅底料中，等煮沸后直接下去内脏、清洗干净的黄颡鱼；另一种是厨房现制火锅底料，加入黄颡鱼后再焖烧数分钟，调好味后出锅。

两种吃法有一个共同点，也是西南地区的特色，即黄颡鱼规格较华中、华南、华北小，一般在50克/尾左右，因为下火锅讲究高效，下锅后数分钟即可食用。如果鱼太大皮煮烂了里面肉还没熟，非常影响美观和食用效果；如果鱼太小，肉太少吃得不过瘾。因此，黄颡鱼在西南地区的小规格消费市场，给当地及其他地区养殖带来巨大商机，也给养殖户的养殖周期带来较大空间，小规格出鱼意味着养殖周期短、资金回流快、养殖风险小，在制定养殖计划过程中，可能会存在不用承担越冬风险的好处。湖北等黄颡鱼养殖主产区，有部分养殖户专门供应西南小规格消费市场，养殖周期短、风险低、收益快。

第二节　黄颡鱼加工与预制菜

当前，我国市场上水产罐头种类丰富，口味多种多样，以水产品为原料的罐头产业正朝着规模化、专业化和高档化的趋势发展，但黄颡鱼罐头产品在市场上还很少见。郑捷等（2017）通过黄颡鱼原料鱼解冻、腌制、烘烤、油炸、调味以及包装、杀菌等步骤制成黄颡鱼罐头食品，研究表明，油炸 5 分钟时，黄颡鱼罐头成品鱼中所特有的、被消费者普遍接受和认可的风味呈味物质相对含量较高，并形成了一种制作黄颡鱼罐头的方法。黄颡鱼罐头成品中风味呈味物质的提高，表明黄颡鱼罐头有较大的开发空间。

黄颡鱼肉质细嫩无小刺，可开发黄颡鱼丸、鱼糕等产品，味道鲜美，具体做法可参照其他鱼丸、鱼糕做法基础上根据口味稍作调整。此外，湖北多地开发黄颡鱼烧烤，制作简单，外焦里嫩，风味独特，以小规格黄颡鱼居多，对产业发展有拉动作用。

到目前为止，市场上还未有黄颡鱼预制菜销售。一方面，说明黄颡鱼产业发展还未到瓶颈期，养殖出的黄颡鱼以鲜活鱼的方式完全流通，产量还未达到饱和，还有增长空间。另一方面，随着黄颡鱼产业的持续增长，在鲜活鱼过剩情形下，必然会有预制菜品应运而生。因此，现阶段抢占黄颡鱼预制菜先机，开发方便食用的黄颡鱼调制品，尤其针对当地消费者喜好开发随处可得的黄颡鱼预制菜存在较大商机。

附　录　黄颡鱼优秀生产企业介绍

湖北黄优源渔业发展有限公司

湖北黄优源渔业发展有限公司（简称"黄优源"），位于武汉市江夏区，占地面积 1 300 亩，是集遗传改良、良种推广、技术创新、模式开拓为一体，服务于渔业现代化发展的"育、繁、推"一体化科技型企业。黄优源是国家审定新品种杂交黄颡鱼"黄优 1 号"（GS - 02 - 001 - 2018）的主要培育单位，是全国最大的"黄优 1 号"生产企业，母本储量≥40 000 千克，"黄优 1 号"苗种生产能力达 12 亿尾/年，苗种年生产量约占全国黄颡鱼苗种需求量的 6%，苗种推广至全国 20 余个省份，推广面积累计超过 30 万亩，惠及上万家养殖户，创造社会效益达 20 亿元以上，推动了全国杂交黄颡鱼养殖的普及，为黄颡鱼产业健康可持续发展做出了重要贡献。

黄优源已建成种业钢构大棚 3 处，合计 3 472 米^2；陆基底排污圆形循环养殖设施 6 个，合计 1 764 米^3；池塘内循环工程化设施（流水跑道）10 条，合计 2 864 米^3；工厂化循环水养殖池（大棚内）860 米^3。生产管理及看护类用房 1 200 米^2，兽药仓库建设管理参考 GSP 要求，水质检测室 50 米^2，食品安全快检实验室 30 米^2，档案管理室 30 米^2，冷库 50 米^2（附图 1）。

黄优源是 2021、2022 年全国水产绿色健康养殖技术推广"五大行动"骨干基地、湖北省杂交黄颡鱼"黄优 1 号"良种场、湖北省农业农村厅主推技术培训基地、湖北省水产技术推广总站主推技术培训基地、湖北省渔业产销协会黄颡鱼分会会长单位、华中农业大学水产学院科研示范基地，长期紧密与华中农业大学"特色淡水鱼育种与繁育团队"等育种团队保持合作，除合作开展"黄优2号"培育工作外，还开展马口鱼规模化繁育与全雄种质创制工作，优质马口鱼苗种产能达1.5亿尾/年，鳜、鳡、鲌等苗种产能达1000万尾/年，是全国最大规模的淡水名特鱼类"育、繁、推"一体化基地之一（附图2、附图3）。

附图1　湖北黄优源渔业发展有限公司基地池塘流水槽循环水养殖系统、圆形池循环水养殖系统及部分车间

附图2　黄优源公司特色淡水鱼2号繁育车间场貌

附图3 黄优源公司特色淡水鱼1号繁育车间孵化槽

武汉市水产发展有限公司

武汉市水产发展有限公司是武汉农业集团所属国有全资企业，成立于1994年，主要从事渔业种业、特色养殖和观赏鱼等业务，现下辖武汉市水产开发管理处和湖北武汉青鱼原种场。湖北武汉青鱼原种场成立于2011年，地处武汉市黄陂区六指街武湖之滨，占地1 580亩，场区环境优美、水质清新、交通便捷，是湖北省重点名特优水产苗种生产基地。

依托于武汉农创中心武湖淡水渔业科技园项目，现建有标准化生产车间3个面积约5 000米^2，标准实验室2间共200米^2，圈养零排放渔业设施4套。场区养殖搭载智慧渔业管理系统，可实现在线水质检测、渔业设备管理、全过程追溯、在线诊疗等功能（附图4～附图7）。

常年与中国科学院水生生物研究所、华中农业大学、中国水产科学研究院长江水产研究所和武汉市农业科学院等科研院所保持

附图 4　武汉市水产发展有限公司场区大门

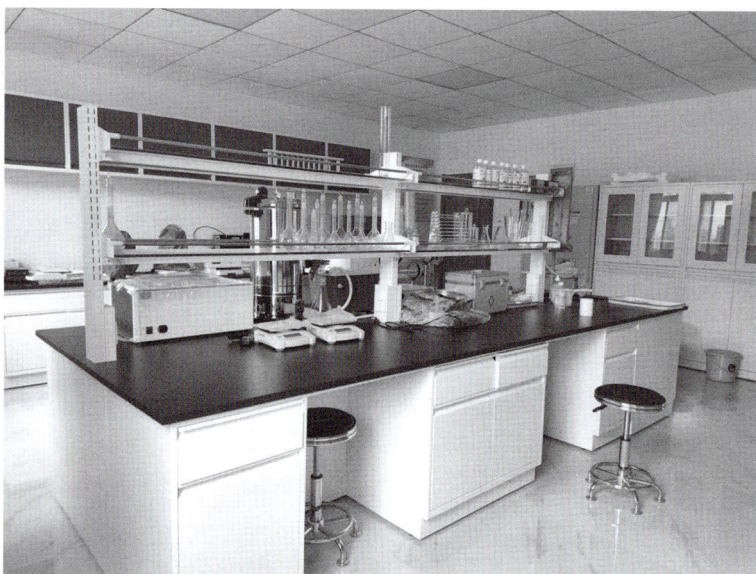

附图 5　武汉市水产发展有限公司标准实验室

附图 6　武汉市水产发展有限公司场区鸟瞰

附图 7　武汉市水产发展有限公司相关资质

密切联系，并开展多项合作。长期由从事水产良种选育与研究的高级工程师指导原种繁育，场内技术人员和技术工人配备完善。

主要开展黄颡鱼、匙吻鲟、胭脂鱼、长吻鮠等特色鱼类的养殖示范，每年向社会提供包括黄颡鱼在内的特色鱼类 10 万千克。

北京水世纪生物技术有限公司

水世纪公司成立于 2006 年，是一家集水产物联网及智能设备研发与推广、水产大数据研究、水产动物保健品研发与推广、饲料研发与推广、养殖数据化服务、数字渔业养殖示范基地、水环境治理等于一体的高科技集团公司。集团下辖 9 家子公司，现拥有 4 家高新技术企业，建立了天津、山东、江苏、湖北、广东等 5 个物流中心。服务全国 26 个省份及越南、马来西亚等多个东南亚国家。集团现有员工 500 余人，其中技术与研发人员占 70% 左右（附图 8、附图 9）。

附图 8　水世纪子公司中易物联生产基地

通过水世纪人对数字渔业的坚定探索，累计超百亿的大数据分析，公司找出了黄颡鱼、加州鲈、鳜、对虾、河蟹等多个水产养殖品种的核心问题。通过水世纪多个专家团队长达三年的市场走访调研，研究设计出"对虾 1234""河蟹 312""家鱼 211""小

附图 9　中易物联生产车间现场

龙虾双千""黄颡鱼 234 高产""鳜鱼 318"等多个养殖模式。完成了传统经验养殖向数据化精准养殖的关键一步，构建出更加完善、更加科学、更加简单的养殖体系。为加快数字渔业工作推进，公司在湖北荆州、武汉江夏、广东台山建立数字渔业养殖示范基地，通过水质指标监测实时化、过程管理数据化、标准化、智能化，着力打造数字农业、美丽乡村、农文旅融合发展的示范样板（附图 10～附图 12）。

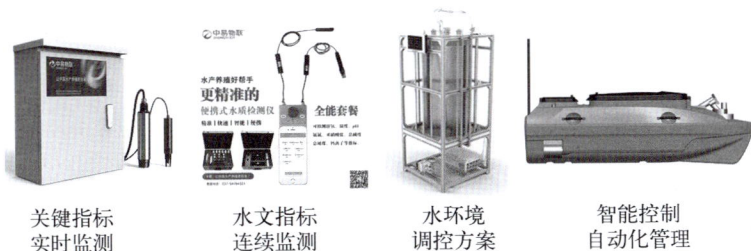

关键指标　　　水文指标　　　水环境　　　智能控制
实时监测　　　连续监测　　调控方案　　自动化管理

附图 10　水世纪智慧渔业水质检测控制系统

附图 11 水世纪湖北枝江地区黄颡鱼养殖实时数据

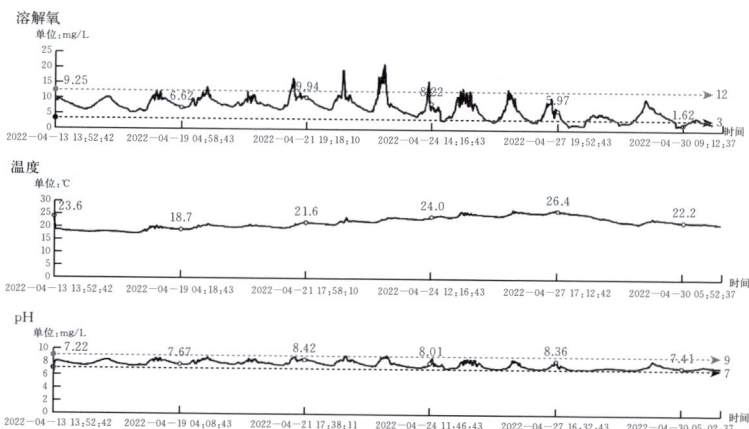

附图 12 黄颡鱼养殖水质实时数据记录

公司率先与中国电信达成战略合作，共同组织技术培训，为渔民数据赋能、科技赋能；下属公司中易物联通过自身研发优势和团队努力，成功进入国家农机补贴目录；目前已经帮助湖北、四川、浙江、江西、天津、江苏等地渔民取得国家农机补贴，成为数字渔业用户的福音；公司积极推动与中国建设银行湖北分公司战略合作，共同为农村金融探索新的道路，通过数字技术为渔民线上授信贷款，为渔民降本增效，防控风险，解决融资难等一系列问题。

截至 2023 年，公司已成功申请了发明专利 6 项，实用新型、外观设计专利及软件著作权 64 项，完成企业标准备案 7 项，制定并通过了全国第一个水质在线监测设备的团体标准，在物联网系统的准确性、稳定性上处于行业领先；并联合华中农业大学、南京农业大学等多个高校科研院所，共同参与国家农机短板项目研发。

公司依托科技手段构建水产大数据平台，吸引了一大批热爱水产的有志青年，联合各区域优秀的合作伙伴，共同为超过 100 万亩养殖水面提供智慧渔业系统解决方案，为消费者提供安全健康水产品，为渔民降本增效，控制养殖风险，让渔民走上可持续的发展之路，用科技助力乡村振兴，在我国水产行业走向可控养殖中起到重要作用。

参 考 文 献

陈成，耿毅，汪开毓，等，2017. 拟态弧菌感染黄颡鱼的动态病理损伤及病原分布研究 [J]. 南方水产科学，13（1）：10-18.

陈骋，熊晶，左永松，等，2010. 饲料中不同维生素 E 添加量对黄颡鱼幼鱼生长性能及免疫功能的影响 [J]. 中国水产科学，17（3）：521-526.

陈一骏，郑维友，雷传松，等，2000. 黄颡鱼人工繁殖及苗种培育技术 [J]. 淡水渔业，30（1）：3.

杜金瑞，1963. 梁子湖黄颡鱼的繁殖和食性的研究 [J]. 动物学杂志，2：26-29.

段鸣鸣，王春芳，谢从新，2014. 维生素 D₃ 对黄颡鱼幼鱼抗氧化能力及免疫功能的影响 [J]. 淡水渔业，44（3）：80-84.

方巍，2010. 黄颡鱼摄食和投喂策略的研究 [D]. 武汉：华中农业大学.

傅美兰，2010. 饲料中不同维生素 E 添加量对黄颡鱼幼鱼生长和体色的影响 [J]. 河北渔业，12：15-17.

郭全刚，刘生图，2022. 春钓黄颡鱼 [J]. 中国钓鱼，3：3.

韩庆，李丽立，黄春红，等，2008. 不同剂型的微量元素及不同水平的氨基酸螯合物对黄颡鱼（*Pelteobagrus fulvidraco*）生长及体组成的影响 [J]. 海洋与湖沼，5：482-487.

韩庆，马欣欣，黄春红，2021. 洞庭湖黄颡鱼肌肉营养成分及品质特性分析 [J]. 食品安全质量检测学报，12（23）：9102-9108.

胡俊茹，王国霞，孙育平，等，2016. 饲料硒含量对黄颡鱼幼鱼生长性能、抗氧化能力和脂肪代谢基因表达的影响 [J]. 动物营养学报，28（12）：3925-3934.

胡伟华，丹成，郭稳杰，等，2019. 黄颡鱼和杂交黄颡鱼"黄优1号"形态及性腺发育的比较 [J]. 水生生物学报，43（6）：8.

胡伟华，熊阳，郭稳杰，等，2021. 黄颡鱼母本的肠系膜脂肪沉积对繁育性能的影响 [J]. 水生生物学报，45（6）：9.

黄峰，严安生，熊传喜，等，1999. 黄颡鱼的含肉率及鱼肉营养评价 [J].
　淡水渔业，10：3-6.

黄钧，陈琴，陈意明，等，2001. 黄颡鱼的含肉率及肌肉营养价值研究
　[J]. 广西农业生物科学，1：45-50.

黄钧，冯健，孙挺，等，2009. 瓦氏黄颡鱼（*Pelteobagrus fulvidraco*，
　Richardson）幼鱼日粮中主要营养素需要量研究 [J]. 海洋与湖沼，40
　（4）：437-445.

李敬伟，2009. 黄颡鱼幼鱼对饲料中蛋白、能量、钙、磷和脂肪酸需要量
　[D]. 武汉：华中农业大学.

李明波，沈凡，崔庆奎，等，2020. 壳寡糖对杂交黄颡鱼"黄优1号"
　（黄颡鱼♀×瓦氏黄颡鱼♂）生长性能与免疫机能的影响 [J]. 水生生
　物学报，44（4）：707-716.

李明锋，2010. 黄颡鱼生物学研究进展 [J]. 现代渔业信息，25（9）：
　16-22.

李生兴，姚友锋，2009. 黄颡鱼的特点和苗种培育 [J]. 科学养鱼，
　12：81.

李亚宁，2022. 小麦胚芽对黄颡鱼雌性亲鱼健康及繁殖性能的影响 [D].
　武汉：华中农业大学.

李亚宁，陈敏，刘洋，等，2023. 饲料中小麦胚芽对黄颡鱼雌性亲鱼繁殖
　性能的影响 [J]. 水生生物学报，48（2）：264-274.

梁珮，冉辉，桂庆平，等，2015. 锦江河野生黄颡鱼与养殖黄颡鱼营养品
　质分析及比较 [J]. 湖北农业科学，54（18）：4544-4547.

刘炜，周国勤，茆健强，等，2013. 黄颡鱼繁殖生物学及苗种培育研究进
　展 [J]. 江苏农业科学，41（8）：220-222.

刘娅，于跃，鲁子怡，等，2022. 黄颡鱼XX伪雄鱼诱导与全雌种群规模
　化繁育 [J]. 水生生物学报，46（12）：1939-1948.

刘洋，2021. 维生素D_3缓解脂多糖和氨氮诱导的黄颡鱼急性肠炎及肠道
　闭合蛋白重组的影响 [D]. 宁波：宁波大学.

刘筠，1993. 中国养殖鱼类繁殖生理学 [M]. 北京：中国农业出版社.

刘中菊，2020. 嘉陵江草街电站坝上、坝下光泽黄颡鱼年龄与生长、繁殖
　和食性差异分析 [D]. 重庆：西南大学.

鲁子怡，丁洋，刘娅，等，2023. 左炔诺孕酮对XX遗传型黄颡鱼雄性化

的影响 [J]. 水生生物学报，47（10）：1595－1608.

农业农村部渔业渔政管理局，2023. 中国渔业统计年鉴 [J]. 北京：中国农业出版社.

乔浩峰，2023. 春夏季投喂率和间歇性断食对杂交黄颡鱼"黄优1号"生长、存活和健康指标的影响研究 [D]. 武汉：华中农业大学.

邱春刚，刘景祯，刘丙阳，等，2000. 汤河水库黄颡鱼的生物学及其资源利用 [J]. 水产科学，19（2）：3.

单怀亚，马华武，2002. 黄颡鱼不同品种的鉴别技术 [J]. 渔业致富指南，15：1.

邵韦涵，樊启学，张诚明，等，2018. 黄颡鱼、瓦氏黄颡鱼及"黄优1号"肌肉营养成分比较 [J]. 华中农业大学学报，37（2）：76－82.

沈凡，樊启学，杨凯，等，2010. 不同溶氧条件下黄颡鱼免疫机能及抗病力的研究 [J]. 淡水渔业，40（4）：44－49.

沈志刚，2010. 黄颡鱼蛋白质需求及饲料配方 [J]. 齐鲁渔业，4：3.

沈志刚，2014. 黄颡鱼与蓝鳃太阳鱼性别控制及性别决定机制研究 [D]. 武汉：华中农业大学.

沈志刚，管赫赫，丁洋，等，2024. 培育生长快和低蛋白低鱼粉饲料利用率高的杂交黄颡鱼黄优2号的方法 [P]. 武汉：CN116569885B.

宋平，潘云峰，向筑，等，2001. 黄颡鱼 RAPD 标记及其遗传多样性的初步分析 [J]. 武汉大学学报（理学版），2：233－237.

孙俊霄，袁勇超，樊启学，等，2019. 杂交黄颡鱼与普通黄颡鱼幼鱼生长性能及耐低氧能力的比较 [J]. 水生生物学报，43（6）：9.

孙挺，2008. 黄颡鱼幼鱼三大营养素需要量的研究 [D]. 成都：四川农业大学.

王吉桥，柳圭泽，闫彦春，等，2008. 在饲料中添加中草药对黄颡鱼性腺发育的影响 [J]. 北京水产，（4）：8.

王凌宇，齐飘飘，陈敏，等，2020. 性类固醇激素对黄颡鱼雌雄生长二态性的影响 [J]. 水生生物学报，44（2）：10.

王令玲，仇潜如，1989. 黄颡鱼生物学特点及其繁殖和饲养 [J]. 淡水渔业，6：3.

王鲁波，2012. 天然叶黄素对黄颡鱼生长性能和皮肤着色的影响 [J]. 水产学报，36（7）：1102－1110.

王卫民，1999. 黄颡鱼的规模人工繁殖试验［J］. 水产科学，18（3）：4.

王小斌，2008. "八字精养法"在池塘养殖黄颡鱼中的综合运用［J］. 内陆水产，3：12-13.

王银海，2019. 杂交黄颡鱼规模化人工繁殖技术研究［D］. 武汉：华中农业大学.

王永明，史晋绒，谢碧文，等，2018. 不同年龄段养殖宽体沙鳅肌肉营养成分分析与评价［J］. 水生生物学报，42（3）：542-549.

谢从新，方耀林，熊传喜，等，2004. SC 1070—2004 黄颡鱼［S］. 北京：中国农业出版社.

谢从新，熊传喜，周洁，等，2000. SC/T 1041—2000 瓦氏黄颡鱼［S］. 北京：中国农业出版社.

闫奎友，2017. 鱼粉价格飙升背后的思考［J］. 饲料广角，12：3.

杨凯，樊启学，张磊，等，2010. 溶氧水平对黄颡鱼稚鱼摄食，生长及呼吸代谢的影响［J］. 淡水渔业，40（2）：6.

杨兴丽，周晓林，常东洲，等，2004. 池养与野生黄颡鱼肌肉营养成分分析［J］. 水生态学杂志，24（5）：17-18.

杨治国，杨东辉，叶新太，2004. 八种药物对黄颡鱼种的急性毒性［J］. 淡水渔业，34：20-22.

殷名称，1993. 太湖似刺鳊鮈年龄和生长的研究［J］. 生态学报，13（1）：7.

于小番，夏超，许慧卿，等，2020. 加工方式及中心温度对黄颡鱼基础营养成分及风味的影响［J］. 中国调味品，45（8）：4.

张国松，2017. 瓦氏黄颡鱼（*Pelteobagrus vachelli*）应对低氧胁迫的分子机制研究［D］. 南京：南京师范大学.

张明，陶其辉，肖秀兰，等，2001. 鄱阳湖黄颡鱼含肉率及肌肉营养分析［J］. 江西农业学报，3：39-42.

张志远，赵国平，2016. 本草纲目中草药化学成分研究进展［J］. 中国药学杂志，51（2）：123-128.

张子阳，成永旭，柯翎，等，2023. 绿鳍马面鲀肝脏营养成分及重金属含量分析与评价［J/OL］. 水产科学.

Gorgao R，Azevedo-martins A K，Rodridegs H G，et al，2009. Comparative effect of DHA and EPA on cell function［J］. Pharmacology therapeutics，122

（1）：56 - 64.

Hu W，Huang P，Xiong Y，et al，2020. Synergistic Combination of Exogenous Hormones to Improve the Spawning and Post - spawning Survival of Female Yellow Catfish [J]. Frontiers in Genetics，11：961.

Liu W，Xue M，Yang T，et al，2022. Characterization of a Novel RNA Virus Causing Massive Mortality in Yellow Catfish，*Pelteobagrus fulvidraco*，as an Emerging Genus in Caliciviridae（Picornavirales）[J]. Microbiology Spectrum，10（4）：e0062422.

Markert C L，Møller F，1959. Multiple forms of enzymes：tissue，ontogenetic and species specific patterns [J]. Proceedings of the National Academy of Sciences of the United States of America，45（5）：753 - 63.

Nantapo C T，Muchenje V，Hugo A，2014. Atherogenicity index and health - related fatty acids in different stages of lactation from Friesian，Jersey and Friesian×Jersey cross cow milk under a pasture - based dairy system [J]. Food Chemistry，146：127 - 133.

Tan X，Luo Z，Xie P，et al，2009. Effect of dietary linolenic acid/linoleic acid ratio on growth performance，hepatic fatty acid profiles and intermediary metabolism of juvenile yellow catfish *Pelteobagrus fulvidraco* [J]. Aquaculture，296（1/2）：96 - 101.

Zhang L，Qiang J，Tao Y F，et al，2020. Cloning of the gene encoding acyl - CoA thioesterase 11 and its functional characterization in hybrid yellow catfish（*Pelteobagrus fulvidraco* ♀ × *Pelteobagrus vachelli* ♂）under heat stress [J]. Journal of Thermal Biology，93：102681.

黄颡鱼绿色高效养殖技术
与实例彩色插图

彩图 1　通过性别控制技术生产的全雌黄颡鱼

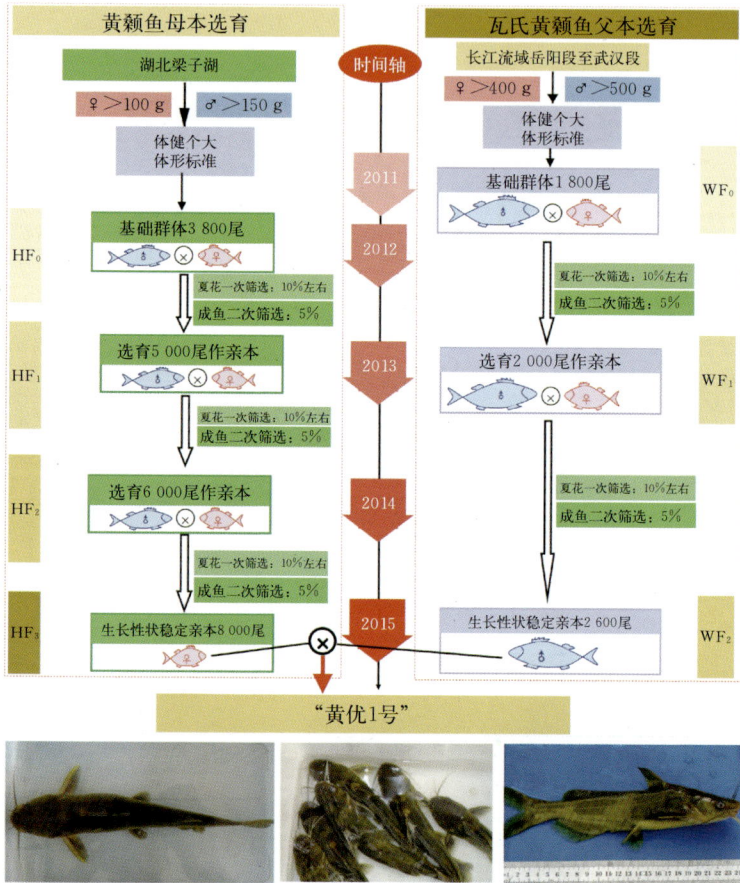

彩图 2　杂交黄颡鱼"黄优 1 号"新品种选育技术路线

彩图 3　饲料变质后导致的黄颡鱼体色异常

大区	姓名	养殖品种	技术案例名称	处理场景	核心方案	发表日期
枝江尖刀	周锐	黄颡鱼	黄颡鱼鱼苗池塘高溶氧	存塘量低，黄颡鱼池塘溶氧居高不下	改底＋解毒＋纳米黑金遮光，配合芽孢	2023年3月15日
枝江尖刀	鲜宝坪	黄颡鱼	黄颡池塘卵囊藻使用后水质效	池塘连续几天高溶氧，用硫酸铜处理	清藻，水博士解毒，卵囊藻＋微多调水	2023年3月15日
枝江尖刀	周锐	黄颡鱼	黄颡鱼鱼苗池塘高溶氧	放苗前通过漂白粉处理高溶氧	漂白粉杀藻＋水博士解毒	2023年4月12日
枝江尖刀	周锐	黄颡鱼	卵囊藻定期使用水体更平衡	早春池塘溶氧波动大，水体浑浊	卵囊藻＋微多	2023年3月29日
枝江尖刀	鲜宝坪	黄颡鱼	卵囊藻应对的处理方案	通过实践使用卵囊藻检验水体平衡	卵囊藻	2023年4月19日
枝江尖刀	王鹏	黄颡鱼	黄颡鱼池塘放苗前高溶氧的处	放苗前溶氧高紧急处理	有机酸解毒，放苗前聚维酮碘消毒，卵	2023年4月19日
枝江尖刀	周锐	黄颡鱼	高溶氧伴随肠炎死鱼	早春卖鱼后存塘量减少溶氧高且检查	世纪维宁＋金糖＋酵苷抗应激，内服抗	2023年4月26日
枝江尖刀	周锐	黄颡鱼	卵囊藻定期使用效果反馈	4月池塘出现高溶氧	纳米黑金＋黄B，连续卵囊藻每周一次使	2023年5月10日
枝江尖刀	王鹏	黄颡鱼	不同池塘卵囊藻＋案例分析	如何平衡水体不出现高溶氧情况	卵囊藻＋微多，卵囊藻＋芽孢，卵囊藻	2023年5月10日
枝江尖刀	周锐	黄颡鱼	卵囊藻定期使用效果跟踪	通过卵囊藻调水使水体平衡稳定	纳米黑金＋黄B，连续卵囊藻每周一次使	2023年5月17日
枝江尖刀	王鹏	黄颡鱼	长期低溶氧池塘使用卵囊藻效	池塘存塘量大，溶氧不高	卵囊藻＋乌金膏	2023年5月17日
枝江尖刀	鲜宝坪	黄颡鱼	持续使用卵囊藻水体平衡的验	一周一次卵囊藻使用，整体溶氧未超	卵囊藻＋微多	2023年5月17日
枝江尖刀	周锐	黄颡鱼	卵囊藻在低溶氧池塘上的使用	硫酸铜处理藻类导致水体溶氧低藻种	连续两次卵囊藻＋微多/益菌宝调水	2023年5月24日
枝江尖刀	王鹏	黄颡鱼	黄颡鱼池塘水环境不稳定引起	早春出现方块烂身治疗	过硫改底，水博士解毒，处理纤毛虫，	2023年3月15日
枝江尖刀	鲜宝坪	黄颡鱼	黄骨大肚子腹水处理整体方案	五月中旬出现高溶氧，水体整体不够	卵囊藻＋微多，酵苷＋世纪多维＋长泰	2023年5月24日
枝江尖刀	鲜宝坪	黄颡鱼	黄颡鱼池塘高溶氧导致鱼腐皮	池塘溶氧高导致烂身死鱼，鳃丝充血	设备维护，硫醚沙星＋复合碘＋本草外	2023年3月22日
枝江尖刀	周锐	黄颡鱼	世纪安净使用效果反馈	黄颡鱼苗池有少量车轮虫	世纪苷肽＋世纪安净4天1疗程内服，每	2023年9月6日
枝江尖刀	王鹏	黄颡鱼	黄颡鱼方块烂身	投饵率加大水体不稳定造成方块烂身	本草＋复合碘外泼，世纪金糖＋本草外	2023年3月23日
枝江尖刀	鲜宝坪	黄颡鱼	黄骨池高溶氧和放鱼导致鱼烂	早春放苗消毒工作没做好，寄生虫多	世纪维宁＋金糖全池外泼，复合碘＋本	2023年4月5日
枝江尖刀	王鹏	黄颡鱼	卵囊藻定期使用效果分析	早春高溶氧处理	卵囊藻＋菌III,卵囊藻＋黄B连续多次使	2023年5月30日
枝江尖刀	周锐	黄颡鱼	长期低溶氧池塘使用卵囊藻效	池塘存塘量过大，溶氧难提升	卵囊藻＋乌金膏连续2次配合使用肥水效	2023年5月31日
枝江尖刀	周锐	黄颡鱼	池塘寄生虫多吃食不欢	黄颡鱼轻微链球菌，氨氮亚盐超标鱼	内服抗生素，连续3天改底，酵苷＋世纪	2023年10月19日
枝江尖刀	周锐	黄颡鱼	世纪安净处理寄生虫的应用	池塘车轮虫严重如何处理	世纪安净全池外泼，同时内服安净＋世	2023年10月26日
湘江大区	雷刚	黄颡鱼	黄骨鱼的黄身子案例	体色发黄，解剖胃有腹水，身上大量	用水卫士解毒再用复合碘+金方本草露	2023年4月5日
西湖大区	陈顺	黄颡鱼	黄颡鱼苗小瓜虫处理案例	殖水体温差大，鱼苗应激大，3月16	连续2天晚上20点后外用刺激小瓜虫脱落	2023年4月5日
枝江尖刀	王鹏	黄颡鱼	黄颡池塘高溶氧处理案例	池塘溶氧居高不下	纳米黑金＋菌III处理高溶氧	2023年4月12日
西湖大区	陈顺	黄颡鱼	定期使用卵囊藻溶氧稳定病害	今4-5月份，天气不稳定，水质指标	建议客户杨老板根据在线监测数据调节	2023年5月31日
枝江尖刀	王鹏	黄颡鱼	对比数据：高溶氧对鱼苗的危	放苗前溶氧高于21，损失2万尾苗。	放苗后硫酸铜杀藻，水博士解毒，菌III	2023年4月26日
枝江尖刀	周锐	黄颡鱼	低溶氧池塘如何调水	水体中无藻类，池塘溶氧长期偏低	卵囊藻+益菌宝，卵囊藻＋肥	2023年6月7日
枝江尖刀	周锐	黄颡鱼	黄颡鱼池如何保持水体平衡	池塘溶氧波动小，如何长期保持	解毒＋世纪金糖全池泼洒，卵囊藻＋微	2023年6月14日
枝江尖刀	鲜宝坪	黄颡鱼	卵囊藻对水体平衡稳定的效果	池塘面积小水质整体稳定，如何保持	卵囊藻＋微多	2023年6月14日
江滑大区	杨超	黄颡鱼	黄颡鱼低溶氧处理	鱼吃食不好	19号使用水博士1瓶3亩全池使用一遍，2	2023年6月14日
枝江尖刀	王鹏	黄颡鱼	为什么这样的池塘容易爆发链	溶氧长期偏低环境恶化导致链球菌爆	抗生素连续5天一疗程内服，外用过硫＋	2023年7月12日

彩图4　通过养殖数据化进行黄颡鱼病害预防与及时处理案例（水世纪公司）

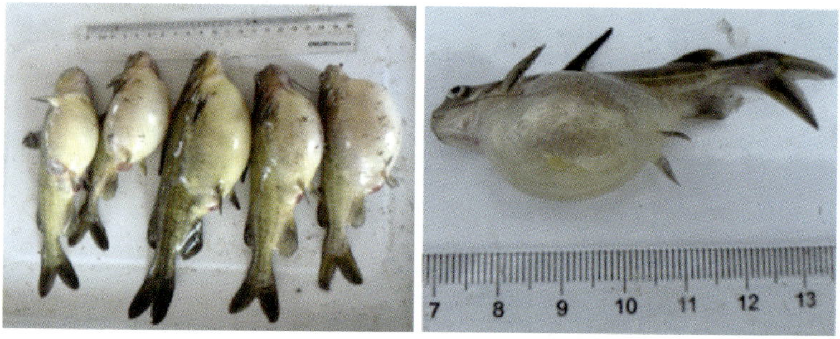

彩图5　黄颡鱼腹水病症状

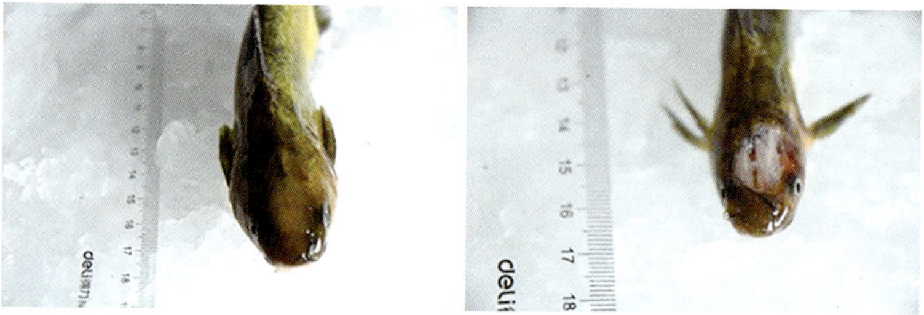

彩图6　黄颡鱼头穿孔病症状

彩图 7　黄颡鱼感染迟缓爱德华氏菌症状

彩图 8　黄颡鱼方块烂身病症状

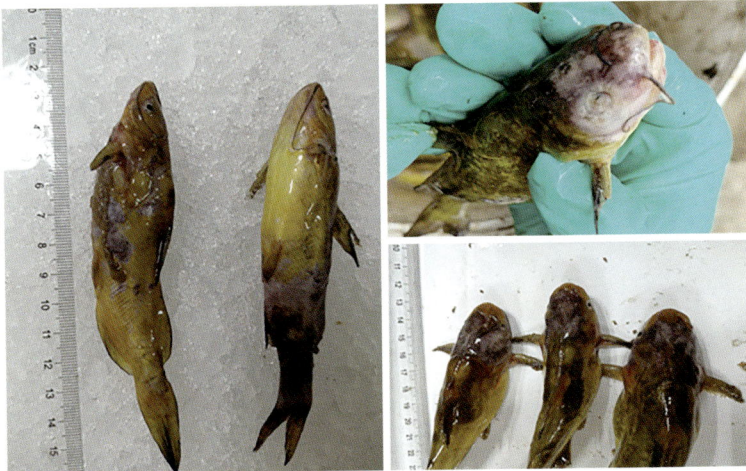

彩图 9　黄颡鱼感染类志贺邻单胞菌症状

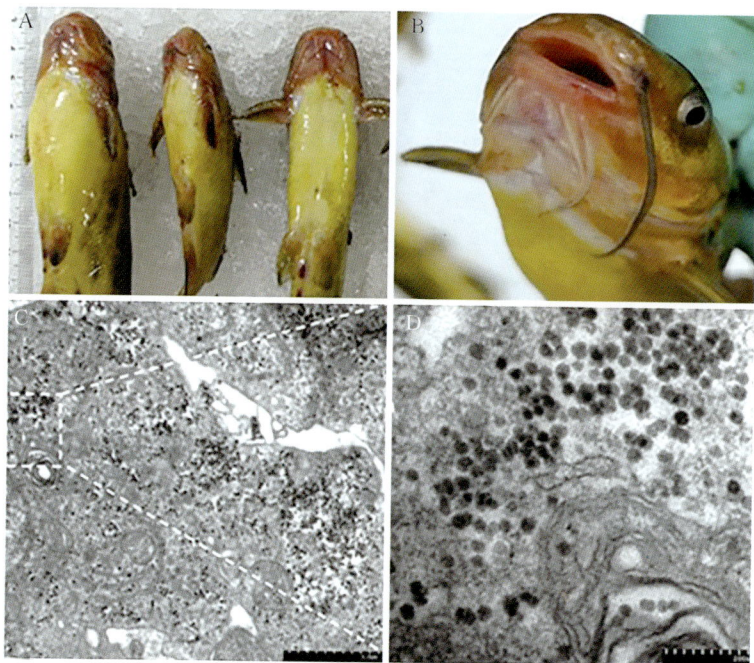

彩图 10　黄颡鱼感染杯状病毒症状及病毒粒子透射电镜照片

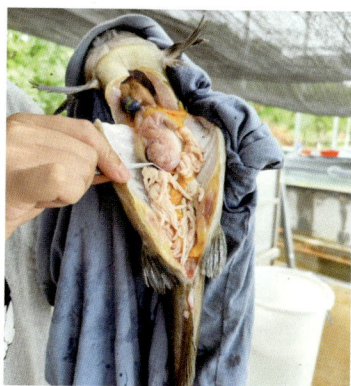

彩图 11　成熟较好的瓦氏
　　　　黄颡鱼雄鱼

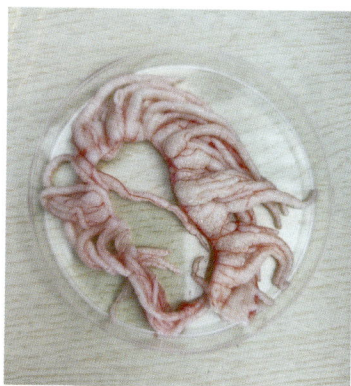

彩图 12　成熟较好的瓦氏
　　　　黄颡鱼精巢

彩图 13　用灯诱驯食桶进行早期驯食